一体化规划设计创新与实践

祁鹿年　杨　泽　朱开群　编著

中国建筑工业出版社

图书在版编目（CIP）数据

一体化规划设计创新与实践 / 祁鹿年，杨泽，朱开
群编著. — 北京：中国建筑工业出版社，2023.10（2024.11重印）
ISBN 978-7-112-29135-9

Ⅰ．①一… Ⅱ．①祁… ②杨… ③朱… Ⅲ．①城市规
划—建筑设计—研究 Ⅳ．①TU984

中国国家版本馆 CIP 数据核字（2023）第 174603 号

责任编辑：刘诗楠　丁洪良
责任校对：姜小莲

一体化规划设计创新与实践

祁鹿年　杨　泽　朱开群　编著

*

中国建筑工业出版社出版、发行（北京海淀三里河路 9 号）

各地新华书店、建筑书店经销

北京红光制版公司制版

建工社（河北）印刷有限公司印刷

*

开本：787 毫米×1092 毫米　1/16　印张：11½　字数：282 千字

2023 年 10 月第一版　　2024 年 11 月第三次印刷

定价：**56. 00** 元

ISBN 978-7-112-29135-9

（41805）

序

《一体化规划设计创新与实践》是一本介绍一体化规划设计的理论、方法以及实践的专业书籍。文中阐述了一种规划设计全链条整合的工作方法，思路新颖，能够较好地适应当下规划与设计工作的深化变革。文中着重强调以问题为导向，精炼出一套科学性强、实施性强的工作理论体系，探索了规划工作从单一向综合的实践。

本书最大的特点在于突出"自上而下"和"自下而上"相融合的工作体系，将规划融入城乡发展全过程，从传统的线性传导模式转变为问题导向、定位谋划、理念吸纳、策略运用、规划制定的循环传导反馈模式，并在传导与反馈的更迭中催生有利于城乡发展的、渗透于不同环节内的"N"个创新点，以此构建了一体化规划设计"5＋N"的思维模型。

创新在理论与实践的长期交替中衍生

实践是检验真理的唯一标准。现代意义上的城市规划理论诞生于国外，而真正适用于我国国情的规划理论，是从我国城镇化建设实践中吸取经验和教训逐渐形成的，所以理论与实践是长期交替更迭的，我国城乡规划事业历经变革，来到了全面开展国土空间规划的新时期，这本身就是一种创新。当今世界处于百年未有之大变局时代，以人工智能为代表的科技革命催生了新事物，对原有的社会逻辑产生了重大影响，这更需要创新为社会发展提供支持，创新驱动是当下乃至长期的重要发展战略。规划工作中的创新是助推城乡实现高质量发展的前提条件，本书通过一体化规划设计提出了丰富的创新模式，为空间规划相关工作者提供了参考。

科学的规划是城市可持续发展的基础

一体化规划设计基于一体化理论的基本工作逻辑，融入城乡建设工作，注重资源整合、精简环节与交叉创新，以解决当下我国城乡建设过程中所面临的问题为导向，主动变革规划设计工作，顺应我国城乡发展新时期和市场新需求，将城乡发展、空间规划以及方案设计等技术工作向公共管理和社会服务转变，规划设计工作职能也从只提供图纸和文本的传统规划转向城乡开发建设"陪伴式"智库服务，即除常规的规划设计工作外，也要考虑各专业的工作衔接，以及城乡功能的驱动力、市场供需关系、规划评价、规划管理全过程周期的综合信息反馈。可以说，一体化规划设计提升了规划的科学性，保证了规划的可持续化。

本书编者祁鹿年先生及其规划设计团队扎根在苏州工业园区，是园区规划建设工作的深度参与者，由其主持和参与的项目透露着对我国苏州、新加坡等地营城经验的深刻理解和专业诠释。

2023 年 8 月 8 日

前　言

　　自 1949 年新中国成立以来，我国城乡建设飞速发展，城镇化进程不断推进，人民生活水平不断提高，取得了令人瞩目的成就。2013 年，我国进入全面建成小康社会的决定性阶段，逐步奋进新时代，各行各业深化改革，城乡规划部门也顺应时代要求，从组织、系统上进行了革新与重组。同时，作为服务与指导城乡建设的规划设计在思想理念、工作方法上亦推陈出新，新兴规划团队如雨后春笋般涌现，百家争鸣。2018 年，自然资源部组建，承担我国空间规划体系工作的建立与监督实施工作，我国城乡规划设计工作翻开新的篇章。2023 年，全党全国各族人民迈上全面建设社会主义现代化国家新征程，向第二个百年奋斗目标进军。在新的时代背景下，生态文明建设深入人心，城乡规划设计工作如何更好地开展、如何更好地服务我国城乡建设高质量发展的要求，是每个规划人应该思考的问题。

　　一体化规划设计是基于一体化理论的基本工作逻辑，融入城乡建设工作，注重资源整合、精简环节与交叉创新的"陪伴式"智库服务的工作理论体系。这一体系是编者及其一体化规划设计研究团队利用公司全专业整合的优势，在不同类型城乡规划建设工作的创新与实践中不断完善和思考总结的成果，是一套科学性、实施性强的工作理论体系。编写出版此书一方面是总结编者近十年规划创新与实践的思考与成果，另一方面为城乡发展建设以及同行们的项目交流提供借鉴和案例。

　　全书分为五个章节，第 1 章主要概述我国城乡建设和城乡规划的历程，对新中国成立以来至 2013 年以前的城乡建设工作进行了回顾，随后着重强调 2013—2023 年这十年时间，这是我国城乡工作深化变革的重要时期，也是本书理论创新和实践的主要背景，十年时间我国的城乡建设和城乡规划工作的理念和价值发生了重大转变，从"量"到"质"，从"割裂"到"统筹"，从"工业文明"到"生态文明"。在这样的转变中，现代城乡空间转型发展伴生了新的问题。针对新时期的城乡规划工作，利用先进的理念、技术、方法、策略编制科学的规划是对规划人的必然要求，而一体化规划设计正是科学、实用、创新的规划工作理论。第 2 章阐述一体化规划设计的理论体系，综述了一体化规划设计的概念由来、理念支撑、目的与意义及其理论内涵，并构建了适用于解决城乡新老问题的规划设计思维模型，基于模型进行延伸，形成面向未来的科技创新。第 3 章为一体化规划设计理论下的实践探索，精细划分了八个城乡规划类型的实践工作，包括新城规划与设计、产业（园区）规划、保护与更新规划、乡村振兴、国土空间规划、绿色交通、市政规划及其他专项规划及研究。对每个类型的背景及问题进行解读，运用一体化规划设计理论提出系统性的解决方案，并分享典型案例作为实践指导。第 4 章为思考与探索，是对一体化规划设计理论的升华，希望通过对此理论的迭代发展，从城乡规划和设计的角度对社会发展建设要求进行响应，包括了践行生态文明建设、实现集群式创新、构建理想人居空间。第 5 章为结语与展望。

全书由祁鹿年、杨泽、朱开群承担主要编写工作，参加编写的还有庄纪超、王蓉、陶睿、李峰、杨公新、吴波、徐能、刘亚娟、冯莹莹、季新亮、鲁文崭、宗明军、张辛桐、王海滔、曾毅骅、周卫华、宋庆皓、熊融、陶沁、胡佳辰、张淑云、李建、张珈玮、程思、吴燕婷、吕卫军、杨秀英、蒋聪、翟慧、王伟、左罗、刘强、皋鹏飞。

感谢启迪设计集团戴雅萍、查金荣在规划实践中给予的指导与帮助，支持编者总结多年规划实践经验并将其提高到一定理论高度从而形成本书；特别感谢启迪设计集团胡旭明在本书编著中给予的大力支持与帮助，与编者共同探讨本书框架、核心理论等，为编著本书提出宝贵意见；感谢启迪设计集团张斌、蔡爽在本书出版过程中给予的悉心指导与帮助；感谢清华同衡规划设计研究院袁牧给予本书全面综合的指导并作序，让编者受惠极丰；感谢江苏省规划设计集团梅耀林、中国城市规划学会张泉、原新加坡裕廊国际孙国伟给予本书的专业指导和评价；感谢出版社工作人员的辛勤付出。同时也衷心感谢给予编者项目实践指导与帮助的广大业主、专家和同行，感谢规划设计研究院团队及未在本书中提及的项目实践参与人员。

本书的编写得到了城乡规划、建筑设计、景观设计、交通规划等方面的专业人士的支持和关注，他们提供丰富的案例和实践经验，充实了本书的内容，希望本书能起到极好的借鉴和指导作用。由于城乡规划建设不断发展变化，加之编者水平有限，书中难免有片面或不妥之处，敬请各位读者不吝批评指正，以便在今后的工作研究中不断改进和完善。

目　录

第1章
我国城乡建设历程概述

1.1　2013 年以前我国城乡建设回顾

人类早期居民点主要从事农业生产，生产力的发展带来了农产品的剩余，从而出现了交易行为，这一行为又促使一部分人从农业中脱离出来，成为非农业人口。随着以非农业人口为主的聚居点的形成，逐渐产生了"城"，而"乡"的概念相伴于"城"而产生，"城"与"乡"成为一对相对的概念，相互联系、密不可分。人类在几千年的历史长河中，或在"城"，或在"乡"，"城乡"成为人类生产生活的重要空间载体。人类各种历史在"城乡"上演，或波澜壮阔，或平淡消隐，人类改变着"城乡"，"城乡"也影响着人类。

在我国，最早的城市距今约 6000 年的历史，从夏商周到元明清，从近代到当代，城乡建设从未停止，城乡格局不断变化，而 1949 年中华人民共和国成立至今这一时期无疑是我国城乡格局变化最大、城乡建设最为波澜壮阔的时期。

1.1.1　1949—1978 年，跌宕起伏的城乡建设

1949 年 10 月，中华人民共和国成立，我国城乡建设也拉开了新的帷幕，进入了一个崭新时期。在这一时期，恢复和发展国民经济成为主要任务，国家城市建设仿照苏联"自上而下整体计划"的模式，满足了我国成立初期的城市快速发展需求[1]。1951 年春，中央人民政府政务院财政经济委员会（简称中财委）着手试编第一个五年计划，主要对全国重大建设项目、生产力分布和国民经济重要比例关系等做出规划，为国民经济发展远景规定目标和方向。城市建设作为国民经济建设的重要内容，在此时也被提上了重要日程，当时的城市建设的基本方针被确立为："在城市建设计划中，应贯彻为生产、为工人服务的观点"[2]。1952 年 8 月，国家成立建筑工程部（隶属于中财委），主要主持城市规划工作[3]。同年 9 月，中财委召开新中国成立以来的第一次城市建设座谈会，提出城市建设要根据国家长期计划，加强规划设计工作，加强统一领导，各城市要制定城市远景发展总体规划，在城市总体规划的指导下进行城市建设。同时，会议讨论了《中华人民共和国编制城市规划设计程序与修建设计草稿（初稿）》，这是我国第一份关于城市规划和城市设计工作程序的法规[1]。从此，我国的城市建设工作开始了"统一领导、按规划进行建设"的时期[2]，城市建设的"规划"与国民经济发展的"计划"分立的制度也在此时建立起来[4]。

1953—1957 年是我国第一个五年计划时期，这一时期的经济建设是在国家有计划、有组织下进行的。这一阶段，城乡建设主要围绕"一五"计划确定的基本任务进行，以"一五"计划为行动方向。城市建设一方面以工业项目选址建设为主而形成许多新兴工业

1

城市、新的工业区和工人镇，另一方面大多数城市的旧城建设区以"充分利用、逐步改造"为方针，充分利用原有的房屋和市政公用设施，进行维修养护和局部改建和扩建。因为当时的现实情况，国家经济基础有限，发展方针要求"以农养工"，因而农村地区发展缓慢，以农业生产为主，并继续不断探索农业生产合作社形式，一定程度上推动了农村生产力的发展[5]。总体而言，这一时期的城市建设以加强生产生活设施及配套建设为主，城市规划编制主要依据此类项目需要开展，城市建设按照规划有计划有比例地进行[2]；农村地区以我国仿照苏联经验形成的土地规划进行指导，主要以提高农业生产能力为重点[4]。

1958—1962年是我国第二个五年计划时期，城乡建设过程较为曲折。"一五"期末，我国国民经济建设成就突出，人民生活水平得到显著改善，因而进入"二五"时期，城市建设追求大而全，土地被大量征收，城市发展过快，这一时期的城市总体规划指标也偏大[2]。针对这一情况，1960年11月召开的第九次全国计划会议宣布"三年不搞城市规划"，造成了原有城市规划无法修正又无新的规划指导，城市建设比较无序[2]。1961年1月中共中央对国民经济实行"调整、巩固、充实、提高"的方针，城市建设调整方向是"压小降准"，对城市建设造成一定负面影响[2]。农村地区在这一阶段被要求普遍建立人民公社，全国广泛开展人民公社土地规划工作[4]，主要以提高农业生产能力为重点，但因脱离农村的实际情况，未能促进农村地区的有效发展。城乡建设在这一时期发展曲折。

1966—1975年是我国"三五"计划、"四五"计划时期，在这段时期内城乡建设和规划发展比较曲折跌宕。"三五"计划时期，中共中央提出"备战、备荒、为人民"的战略方针，把国防建设放在第一位，加快"三线"建设。"三线"建设坚持"不建集中城市"方针，国家将沿海城市的部分企事业单位搬迁到中西部地区，进行国防、工业、交通、科技等项目设施建设，同时以单位大院形式进行综合居住区配套，这一举措推进了我国中西部城市建设的步伐[4]。1966年开始，国家主管城市规划和建设的工作机构停止工作，规划学会委员会中断学术活动，各城市也撤销城市规划和建设管理机构，城市建设和城市管理陷入比较混乱的状态，乱拆、乱挤、乱占现象严重，城市规划和设计工作也受到冲击[2]。"四五"计划中后期，国家对各方面工作进行调整，重新肯定了城市规划的地位，随着一系列政策的出台，在城市规划和管理的指导下城市建设重新走上正轨。1974年，国家基本建设委员会下发《关于城市规划编制和审批意见》和《城市规划居住区用地控制指标》，使城市规划有了编制和审批的依据。农村地区，"三五"计划时期积极开展土地规划试点工作，查清土地资源，为实现农村技术改革提供适宜的土地条件[6]。

总体来说，这一时期以城市建设为主，发展方针要求"以农养工"，农村地区发展主要是以提高农业生产量为主，城市建设和农村发展相对独立、分割，城市规划和土地规划也在前期摸索中逐渐建立和调整，在指导城市建设和农村发展方面具有一定的作用。

1.1.2 1978—2000年，快速发展的城乡建设

1978年12月，党的十一届三中全会召开，做出把党和国家工作中心转移到经济建设上来、实行改革开放的历史性决策[7]。随着国家各项法律法规、政策的出台，我国城乡建设在经历了跌宕起伏后进入全新快速发展时期。

1978年3月，国务院召开第三次城市工作会议，强调城市在国民经济发展中的重要地位和作用，要求城市适应国家经济发展的需要，要控制大城市规模，多搞小城镇，同时

指出城市规划工作的重要性，要求各城市、新建城镇认真编制和修订城市总体规划、近期规划和详细规划，城市建设依据城市规划展开，明确"城市规划一经批准，必须认真执行，不得随意改变"[2]。会后，中共中央下发了《关于加强城市建设工作的意见》，首次将城市发展规划定义为刚性规划，建立了此后 30 多年城市规划的基本架构。1980 年 10 月全国城市规划工作会议召开，此后城市规划编制工作在各城市逐步开展，相关工作全面恢复，有力引导了城市建设。从 1980 年开始，城市居住小区经江苏省苏州、常州、无锡等地的探索及建设部推广，成为全国各个城市建设居住区的主要模式。此外，随着 1982 年 1 月第一批 24 个国家历史文化名城批准和此后陆续公布及增补，历史文化名城保护规划也成为城市规划的重要内容。城市规划考虑要素增多，内容越来越丰富。1984 年 1 月，国务院颁布了《城市规划条例》，其是对我国 30 年来城市规划工作的总结，标志着我国城市规划步入法制管理的轨道[2]。1984 年 10 月，党的十二届三中全会通过《中共中央关于经济体制改革的决定》，提出经济体制改革的一些重大理论和实践问题，明确要求"城市政府应该集中力量做好城市的规划、建设和管理"。此后，以城市为重点的经济体制改革全面展开，改革开放后的第一轮城市总体规划编制开始[4]。1988 年底，全国的城市、县城总体规划已全部完成，深圳、珠海等沿海开放城市还进一步编制了详细规划和各种专项规划，由此初步构建起了从国家到区域再到地方的空间规划体系[9]。1989 年 12 月，《城市规划法》通过全国人大常委会审议，并于 1990 年 4 月 1 日开始实施，标志着我国城市规划正式步入法制化道路[2]。这一时期的城市规划有以下几个特点：①依然受计划经济影响，但强调规划和区域经济对城市社会经济发展计划的参与，规划广度和深度均有突破；②局限在规划区内，以城市为主体，强调城市功能分区，研究重点问题包括城市性质、城市人口、用地规模、城市发展方向和空间结构，以及旧城改造、基础设施和环境保护等；③专项规划得到拓展，增加城镇体系等内容，分区规划被提上日程，规划实施和规划管理得到进一步深化[4]。

党的十一届三中全会不仅重视城市建设，而且同时启动了农村改革的新进程，提出了要注意解决国民经济重大比例失调、搞好综合平衡的要求，认为农业作为国民经济的基础就整体来说还十分薄弱，只有大力恢复和加快发展农业生产，才能提高全国人民的生活水平。1979 年 9 月，党的十一届四中全会通过《中共中央关于加快农业发展若干问题的决定》[7]，在这以后，相继制定和发布施行的农业方面的重要文件，有力地推动了农村改革的进程，对农村发展有着重要影响。

20 世纪 90 年代以后，因社会经济体制改革不断深化、社会主义市场经济体制初步确立以及经济全球化的不断推动，我国社会经济快速而持续地发展，城市化和城市建设也进入快速时期[2]。1992—2000 年，城市化全面推进，各城市大力开展城市建设，发展小城镇，普遍建立经济开发区，甚至出现了"房地产热""开发区热"等现象，严重扰乱了城市的正常发展，对城市规划工作也造成了冲击[2,8]。1999 年 12 月，建设部召开全国城乡规划工作会议，强调城乡规划要围绕经济和社会发展规划，科学地确定城乡建设的布局和发展规模，合理配置资源。

土地资源在各地经济发展、城乡建设、招商引资等工作中被作为主要生产要素，而土地中的适宜建设区与适宜耕作区通常有较大的重叠，导致大量优良的耕地被占用。1982年，中共中央把"十分珍惜和合理利用每寸土地，切实保护耕地"确定为基本国策[6]。

1986 年 2 月，国家土地管理局正式成立，作为统一管理土地的机构。1986 年 6 月，《中华人民共和国土地管理法》通过，规定各级人民政府编制土地利用总体规划，地方人民政府的土地利用总体规划经上级人民政府批准执行。这部法律的颁布有力地推动了土地利用规划工作的开展。1987 年 12 月，国务院办公厅转发了国家土地管理局《关于开展土地利用总体规划工作的报告》，同意开展土地利用总体规划工作，我国开始第一次编制全国土地利用总体规划[4]。1993 年，《全国土地利用总体规划纲要（草案）》获得国务院批准。1996 年，我国大部分省、自治区、直辖市都完成了土地利用总体规划的编制工作，确立了土地利用总体规划关系、工作程序和方法体系，市、县、乡级土地利用总体规划也普遍开展。1997 年，以"保护耕地为重点、严格控制城市规模"为指导思想，开始了第二轮土地利用总体规划的编制工作[6]。1998 年 8 月，《中华人民共和国土地管理法》进行第四次修订并通过，首次以法律形式明确了"促进社会经济的可持续发展""十分珍惜、合理利用土地和切实保护耕地是我国的基本国策""国家实行土地用途管制制度"等内容，强化了土地利用总体规划对城乡土地使用的调控作用[4,6]。土地规划是对各类不同土地资源数量和布局的统筹安排，是在人口持续增长、城乡建设用地不断扩张的趋势下对土地资源的综合考虑，其对土地资源加以控制，规定耕地不得自由占用、城乡建设用地不得随意扩展，对土地利用格局产生一定影响。

这一时期，国家先后通过立法确立了城市规划和土地规划的法律地位和重要性，两项规划既相互衔接，又各有侧重点，在各自领域发挥重要作用。同时，城市规划和土地规划位阶顺序不清晰，"两规"矛盾开始局部出现，但两者的矛盾并不十分尖锐[4]。土地规划编制的重点在于耕地保护和农用地用途管制，对城市扩张具有约束性，而城市规划更多服务地方层面，为地方城市吸引市场资本，增强城市竞争力，发展模式多以建设用地增长为导向，是地方政府推动经济增长的重要工具，土地规划与地方城市规划必然产生矛盾；然而，在 GDP 为主要考核目标的时期下，土地规划往往让位于城市规划[4,9]。

1.1.3 2000—2012 年，不断调整的城乡建设

进入 21 世纪，全国各地出现了新一轮基本建设和城市建设过热的情况，再加之上一阶段经济高速增长，我国城乡建设过程中发展粗放、生态恶化、社会矛盾激化等问题集中暴露，面对改革开放以来实行总体放权而导致的地方发展失序状态，国家再度加强宏观调控和管制[9]。这一时期是一个不断调整、统筹、权衡、协调的城乡建设时期，城市总体规划、土地规划、主体功能区规划在各自领域发挥不同的作用和影响。

2002 年 5 月，国务院印发《国务院关于加强城乡规划监督管理的通知》，提出为进一步健全城乡规划建设的监督管理制度，促进城乡建设健康有序发展，要求城市规划和建设要加强对城乡规划的综合调控，严格控制建设项目的建设规模和占地规模，加强城乡规划管理监督检查等[2]。2002 年 11 月，党的十六大召开，大会提出全面建设小康社会的奋斗目标，从经济、政治、文化、党的建设等方面勾勒全面建设小康社会的蓝图并进行具体部署，同时指出"建设现代农业，发展农村经济，增加农民收入，是全面建设小康社会的重大任务"，为加快农村小康建设提出了目标和任务。党的十六大以后，国家更加重视统筹城乡发展，历次中央经济工作会议对城乡一体化建设都做出了部署，城乡建设格局进一步优化。2003 年 10 月，党的十六届三中全会通过了《中共中央关于完善社会主义市场经济

体制若干问题的决定》，提出"实行最严格的耕地保护制度，保证国家粮食安全"等内容，将建设用地供应权集中到地方政府，地方政府对农村建设用地占用农用地进行控制，中央政府通过土地利用总体规划和土地利用年度计划调控地方政府对建设用地的使用，使国家的土地利用处于有效管理之中[4]。然而，在新一轮经济建设过热中，地方政府出于自身发展目标的需要，不遵守城市规划的现象比比皆是，土地利用规划也在城市规划不断突破调整下失效，建设用地规模不断扩大，耕地面积不断减少[2,4]。在这一现象下，中央采取了更为严格的管理措施：建设部和监察部开展了城乡规划效能监察工作，建设部在此基础上进一步探索城乡规划督察员制度的建设和试点工作[2]；2004 年，国土资源管理体制开始实行"省以下垂直管理，市、县、乡的土地审批权力悉数上收"[4]，以保证中央政府的政策能够得到全面的贯彻执行。2006 年，国务院印发《国务院办公厅关于建立国家土地督察制度有关问题的通知》，国务院设立国家土地总督察，授权国土资源部对省、自治区、直辖市，以及计划单列市人民政府土地利用和管理情况进行监督检查，落实耕地保护责任目标，监督国家土地调控政策的实施[4]。

2005 年 10 月，党的十六届五中全会召开，提出要全面落实科学发展观，并明确提出了建设社会主义新农村的重大历史任务；2007 年，党的十七大对科学发展观的内涵作了进一步阐述："科学发展观，第一要义是发展，核心是以人为本，基本要求是全面协调可持续，根本方法是统筹兼顾"；2006 年执行的"十一五"规划明确提出要加快建设资源节约型、环境友好型社会，这些都为我国城乡建设指明了发展方向，同时也为城市规划作用的发挥奠定了基础[2]。从 2000 年第三轮城市总体规划修编开始，到 2006 年 4 月 1 日实施的《城市规划编制办法》，再到 2008 年 1 月 1 日实施的《中华人民共和国城乡规划法》，城市总体规划转变为城乡总体规划，这一转变体现了国家城乡建设治理观念的变化，是对国家城乡统筹发展、科学发展观的有效贯彻。但是，在实际操作过程中，地方政府是城乡总体规划的编制主体，地方发展意志通过城市总体规划体现，追求 GDP 与财政收入增长的发展模式一时仍难以根本扭转[9]。

2008 年 10 月，《全国土地利用总体规划纲要（2006—2020 年）》发布，其主要阐明规划期内国家土地利用战略，明确政府土地利用管理的主要目标、任务和政策，引导全社会保护和合理利用土地资源，是实行最严格土地管理制度的纲领性文件，是落实土地宏观调控和土地用途管制、规划城乡建设和各项建设的重要依据。从 2002 年国土资源部下发《国土资源部关于开展县级土地利用总体规划修编试点工作的通知》揭开第三轮土地利用总体规划修编的序幕，到 2003 年国土资源部下发《国土资源部关于做好市（地）级土地利用总体规划修编试点工作的通知》标志第三轮土地利用总体规划工作全面启动，再到 2008 年国务院发布《全国土地利用总体规划纲要（2006—2020 年）》，国家约束增长主义、改变城乡建设模式、走可持续发展道路的理念持续发展。然而，国家一方面希望加大集中管制的力度，另一方面又受到刺激地方经济高速发展的现实需求掣肘，"中央统筹的目标"与"地方发展的冲动"之间的拉锯式博弈，深刻影响了这一时期的国家治理格局。土地利用规划对地方空间发展资源管控严格，但手段单一，"刚性有余，弹性不足"[9]。

2010 年 12 月，《全国主体功能区规划》由国务院正式印发，其根据不同区域的资源环境承载能力、现有开发密度和发展潜力，统筹谋划人口分布、经济布局、国土利用和城镇化格局，将国土空间划分为优化开发、重点开发、限制开发和禁止开发四类，确定主体功能定位，明确开发方向，控制开发强度，规范开发秩序，完善开发政策，逐步形成人口、经济、资源环境相协调的空间开发格局。《全国主体功能区规划》根据中国共产党第十七次全国代表大会报告、《中华人民共和国国民经济和社会发展第十一个五年规划纲要》和《国务院关于编制全国主体功能区规划的意见》编制，是推进形成主体功能区的基本依据，是科学开发国土空间的行动纲领和远景蓝图，是国土空间开发的战略性、基础性和约束性规划。从 2000 年构想酝酿到 2010 年正式出台，主体功能区规划体现了国家国土空间开发模式的重大转变。主体功能区规划更多地体现了对地方分类发展的引导，但是缺乏有关配套政策机制等实施手段[9]。

总体而言，这一时期，我国城乡建设不断调整，不断落实科学发展观，各项规划在城乡建设过程中起到很强的引导作用。但因政府间横向条线、纵向条线间都有自身不同的目标需求，并且编制时序不统一、技术规范相异、管理对象交叉、审批程序相对独立，各项规划难免产生冲突，实施效果不尽人意，影响国家整体治理效果。

1.2　2013 年至今我国城乡建设研究

1.2.1　发展概况

2013 年 11 月，党的十八届三中全会召开，会议提出"国家治理体系和治理能力现代化"的改革总目标，首次在国家政治层面明确提出"治理能力现代化"的重大命题，标志着我国开始对国家治理体系进行全面重构[10]。自国家提出这一重大命题以来，我国在政治、经济、社会、文化、生态等各方面全领域、全周期实施提升。城乡规划作为国家治理体系的重要部分，是保障国家治理能力的关键。同年 12 月，中央召开首次城镇化工作会议，指出城镇化是现代化的必由之路，推进城镇化既要积极、又要稳妥、更要扎实，方向要明，步子要稳，措施要实，为我国城乡规划建设指明了方向。

2014 年 3 月，中共中央、国务院印发《国家新型城镇化规划（2014—2020 年）》，其按照走中国特色新型城镇化道路、全面提高城镇化质量的新要求，明确未来城镇化的发展路径、主要目标和战略任务，统筹相关领域制度和政策创新，是指导全国城镇化健康发展的宏观性、战略性、基础性规划。《国家新型城镇化规划（2014—2020 年）》总结了我国在城镇化快速发展过程中存在的突出矛盾和问题，主要包括：①大量农业转移人口难以融入城市社会，市民化进程滞后；②"土地城镇化"快于人口城镇化，建设用地粗放低效；③城镇空间分布和规模结构不合理，与资源环境承载能力不匹配；④城市管理服务水平不高，"城市病"问题日益突出；⑤自然历史文化遗产保护不力，城乡建设缺乏特色；⑥体制机制不健全，阻碍了城镇化健康发展。同时，该文件指出我国仍处于城镇化率 30%～70% 的快速发展区间，但延续过去传统粗放的城镇化模式，会带来产业升级缓慢、资源环境恶化、社会矛盾增多等诸多风险，可能落入"中等收入陷阱"，进而影响现代化进程，城镇化必须进入以提升质量为主的转型发展新阶段。

2015 年 9 月，中共中央、国务院印发《生态文明体制改革总体方案》，要求加快建立系统完整的生态文明制度体系，加快推进生态文明建设，增强生态文明体制改革的系统性、整体性、协同性，并提出构建以空间治理和空间结构优化为主要内容，全国统一、相互衔接、分级管理的空间规划体系，整合各部门编制的各类空间规划，编制统一的空间规划。同年 10 月，党的十八届五中全会召开，强调实现"十三五"时期发展目标，破解发展难题，厚植发展优势，必须牢固树立并切实贯彻创新、协调、绿色、开放、共享的发展理念；坚持创新发展、协调发展、绿色发展、开放发展、共享发展，是关系我国发展全局的一场深刻变革。

2017 年 10 月，党的十九大召开，十九大报告指出，中国特色社会主义进入新时代，我国社会主要矛盾已经转化为人民日益增长的美好生活需要和不平衡不充分的发展之间的矛盾，并首次提出高质量发展要求，表明我国经济已由高速增长阶段转向高质量发展阶段的实际；同时，报告指出，农业农村农民问题是关系国计民生的根本性问题，必须始终把解决好"三农"问题作为全党工作的重中之重，实施乡村振兴战略。城市和乡村作为实施区域协调发展战略和乡村振兴战略的重要落脚点，在发展建设时需着力解决发展不平衡不充分的矛盾，为我国高质量发展提供支撑。

2018 年 4 月，自然资源部挂牌，明确将主体功能区规划、城乡规划、土地利用规划等空间规划职能统一划归新成立的自然资源部，由其承担"建立空间规划体系并监督实施"的职责。2019 年 5 月，中共中央、国务院出台《关于建立国土空间规划体系并监督实施的若干意见》，明确提出到 2020 年基本建立国土空间规划体系，标志着国家空间规划体系重构迈出了历史性的一步，进行"多规"融合，我国城乡规划走向国土空间规划统领阶段，进入全领域、全要素、全周期统筹规划时期。

2020 年 10 月，党的十九届五中全会召开，全会是在全面建成小康社会胜利在望、全面建设社会主义现代化国家新征程即将开启的重要历史时刻召开的一次十分重要的会议，站在"两个一百年"奋斗目标的历史交汇点，全面总结了"十三五"时期我国发展的辉煌成就，科学擘画了我国未来 5 年以及 15 年的发展新蓝图。会议审议通过了《中共中央关于制定国民经济和社会发展第十四个五年规划和二○三五年远景目标的建议》，为我国发展指明方向、擘画蓝图。全会提出，优先发展农业农村，全面实施乡村振兴战略，强化以工补农、以城带乡，推动形成工农互促、城乡互补、协调发展、共同繁荣的新型工农城乡关系，加快农业农村现代化；优化国土空间布局，坚持实施区域重大战略、区域协调发展战略、主体功能区战略，健全区域协调发展体制机制，完善新型城镇化战略，构建高质量发展的国土空间布局和支撑体系，构建国土空间开发保护新格局，推动区域协调发展，推进以人为核心的新型城镇化。我国城乡规划建设至此进入全新的发展阶段，必须以人民为中心，贯彻新发展理念、构建新发展格局，推动城乡融合发展，推动生态文明建设，推动高质量发展，推动人与自然和谐发展，实现我国全体人民共同富裕。

2022 年 10 月，党的二十大召开，大会报告指出，我国到 2021 年城镇化率达 64.7%，高质量发展成为我国全面建设社会主义现代化国家的首要任务。我国城乡发展格局进一步深刻变化，党的二十大要求继续全面推进乡村振兴，坚持农业农村优先发展，坚持城乡融合发展，畅通城乡要素流动；坚持促进区域协调发展，深入实施区域协调发展战略、区域重大战略、主体功能区战略、新型城镇化战略，优化重大生产力布局，构建优势互补、高质量发展的区域经济布局和国土空间体系。

1.2.2 理念的转变

1. 由短期发展向可持续发展转变

城市发展是一个历史范畴，随着人类社会的不断进步，人们对发展的认识也在不断深化，内涵也会随着时代发展而不断变化。1987 年世界环境与发展委员会在《我们共同的未来》报告中第一次阐述了可持续发展观，得到了国际社会的广泛共识。21 世纪城市国际会议于 2000 年 7 月在德国柏林召开，会议发表了《21 世纪的城市：关于城市未来发展的专家报告》，报告强调了经济增长、环境保护和社会公正相协调的可持续发展。

我国在发展过程中，将抽象的发展理论不断应用于中国革命、建设和改革开放的实践，经历了"经济增长为中心的发展观""经济、政治文化共同进步的整体发展观""经济、社会和生态协调发展的可持续发展观""以人的全面发展为核心的科学发展观""创新、协调、绿色、开放、共享的新发展理念"，形成了中国特色社会主义发展观。"两山理论""生态文明建设理论""高质量发展理论"等现代城市发展理论指引着我国城市向正确的方向迈进，契合世界共识的可持续发展观，同时又具有我国自身特色。纵观国内外，可持续发展是未来城市的必然方向。

2. 由以城市为中心向以人为中心转变

"未来城市"是什么模样？从古至今人们一直在探寻，从未停止。从柏拉图的《理想国》到霍华德的"田园城市"、柯布西耶的"光辉城市"，从"周王城""管子营城"到近现代中国城市规划建设实践，再到"生态城市""公园城市""低碳城市""绿色城市""智慧城市""弹性城市""韧性城市""云端城市""魅力城市""共享城市"等，城市的概念越来越丰富，城市规划的内容越来越复杂。然而，从古至今，从未有人能够准确预知未来城市的模样，人类对城市的畅想亦从未完全成为现实。但是，人类对"未来城市"追求的终极目标却没有改变，那就是使人类的生活更加美好，使城市的生活场景更符合人类的需求，只是不同时代有不同的局限性，不同时代对城市有不同的要求。处在新时代、新要求的节点，未来城市必然要"不忘初心"，要以"以人为本"为价值导向，未来城市规划应把人民群众获得美好生活的基本要素放在核心位置，要以创建"美好生活"为内涵坐标。

3. 由单一功能向多元复合功能转变

第一次、第二次、第三次工业革命极大地改变了人们的生活方式，由"蒸汽时代"到"电气时代"，再到"信息时代"，工业革命使人类发展进入空前繁荣的时代，也使城乡格局发生了重大变化，"人"与"城乡"的关系由单一功能逐渐转变为多元复合功能，同一片土地塑造成不同的生活场景，承载着不同的产业、经济等功能。近 10 年来，第四次工业革命风起云涌，以人工智能（AI）、大数据、云计算、物联网、5G 等一系列技术为代表的"技术簇"所引发的人工智能技术革命对人类社会的影响将是全面且深刻的。未来的城乡建设在一系列"技术簇"的影响下会发生怎样的变革？城乡的格局与人类的生活的关联如何？我们无法准确预知。但可以肯定的是科学技术不应该主宰人类的命运，不应该将人类带向灭亡，而是应该成为人类追求美好生活的工具，为未来城市的规划建设提供重要支撑，不断优化城乡格局，塑造人类美好生活场景，构建人与自然、技术和谐共生的新图景。未来城市应是多元复合的城市，各种文化互相交融，城市居住空间充足而优美，城市公共空间丰富且多样，城市基础设施及公共交通安全且高效，城市能源干净且清洁，城市福利均等且公平，城市文化多元且包容，城市人民安全且自由，城市生态多样且稳定，人类、自然、技术和谐共处。

1.2.3　空间的特征

我国幅员辽阔，陆地国土面积约 960 万 km^2，管辖海域面积约 300 万 km^2，为我国国民经济和社会持续发展提供了基本空间载体。在经历了 70 多年的城乡建设后，我国城乡格局发生了重大变化，国土空间开发形成了一定的空间特征。我国国土空间开发总体呈现出"东南密、西北疏""沿海、沿江发展"的特点，并形成了以不同量级核心城市为中心的都市圈，同时，东中西部发展有一定的差距，都市圈地区、局部地区、城乡之间发展步调也不一致，仍然存在发展不协调、不平衡的现象。

总体来看，自 2010 年以来，我国贯彻区域发展总体战略和主体功能区战略，推动"一带一路"建设、京津冀协同发展、长江经济带发展战略，国土空间开发基本形成以"两横三纵"为主体的城市化战略格局、以"七区二十三带"为主体的农业战略格局、以"两屏三带"为主体的生态安全战略格局以及海洋主体功能区战略格局。我国人口、产业向东部沿海和大城市集聚的态势不断增强，推动形成了京津冀、长三角洲、珠江三角洲三大城市群和沿海、沿江、沿主要交通干线的开发轴带。各主体功能区总体形成，同时有待不断完善。

据相关研究[11,12]，我国人口、都市圈等都呈现出与国土空间开发一致的分布特征。我国人口迁移流动在 2010 年以后出现了一些新的趋势和特点，我国城市人口总量在空间上呈现"东南沿海集中连片、中西部省会独峰结构"的特征，城市人口集聚重心偏向东南部，但呈现由东南向西南演化的趋势；扩张城市空间格局由东部四大城市群演化为区域性中心城市的多点共振，收缩城市空间格局由中西部地区零星分布演化为西北和东北部地区连片分布；城市人口集聚模式呈现东南地区扩张城市高高集聚，东北地区收缩城市低低集聚的态势。截至 2019 年，我国已形成了上海都市圈、深圳都市圈、广州都市圈、京津都市圈等 27 个都市圈（表 1-1），总体来看，我国都市圈空间分布极不均衡，呈现东南密、西北疏、沿海和沿江分布特点，发展阶段由东向西逐步递减，与我国上述区域发展总体战略和主体功能区战略等一系列重大战略存在空间一致性。

2019 年我国 27 个都市圈区域划分[12]　　　　　　　　　　　　　　表 1-1

都市圈	核心城市量级	直辖市、地级市及省管县级市
上海都市圈	I	上海、苏州、无锡、常州、南通、嘉兴
深圳都市圈	I	深圳、惠州、汕尾、河源
广州都市圈	I	广州、佛山、东莞、肇庆、清远、江门、中山、云浮、珠海
京津都市圈	I	北京、天津、唐山、廊坊、保定、张家口、承德、沧州、秦皇岛
南京都市圈	I	南京、马鞍山、滁州、镇江、扬州、芜湖、泰州、宣城、铜陵
武汉都市圈	I	武汉、孝感、鄂州、黄冈、咸宁、黄石、仙桃、天门、潜江、随州、荆门、荆州、信阳
成都都市圈	I	成都、眉山、资阳、德阳、雅安、乐山、绵阳、遂宁、自贡、内江

续表

都市圈	核心城市量级	直辖市、地级市及省管县级市
杭州都市圈	Ⅱ	杭州、绍兴、湖州、金华
长株潭都市圈	Ⅱ	长沙、株洲、湘潭、益阳、岳阳、萍乡
重庆都市圈	Ⅱ	重庆、广安、泸州
宁波都市圈	Ⅱ	宁波、台州、绍兴、舟山
青岛都市圈	Ⅱ	青岛、潍坊、日照、烟台部分
福州都市圈	Ⅱ	福州、莆田、宁德
济南都市圈	Ⅲ	济南、泰安、莱芜、德州
昆明都市圈	Ⅲ	昆明、玉溪
西安都市圈	Ⅲ	西安、咸阳、渭南、铜川
郑州都市圈	Ⅲ	郑州、开封、新乡、焦作、许昌
厦门都市圈	Ⅲ	厦门、漳州、泉州
大连都市圈	Ⅲ	大连
长春都市圈	Ⅲ	长春、四平、辽源
沈阳都市圈	Ⅲ	沈阳、铁岭、抚顺、本溪、辽阳、鞍山
合肥都市圈	Ⅳ	合肥
南宁都市圈	Ⅳ	南宁
石家庄都市圈	Ⅳ	石家庄
哈尔滨都市圈	Ⅳ	哈尔滨、绥化部分
乌鲁木齐都市圈	Ⅳ	乌鲁木齐、昌吉回族自治州
太原都市圈	Ⅳ	太原、晋中

注：1 来源：黄艳、安树伟，我国都市圈的空间格局和发展方向；

    2 按照安树伟、李瑞鹏提出的标准，1000 万人以上为Ⅰ级核心城市，500 万～1000 万人为Ⅱ级核心城市，300 万～500 万人为Ⅲ级核心城市。

1.2.4 问题的伴生

我国的工业化、城镇化在短短 70 多年的时间内实现了西方发达国家近两百多年历程的发展水平，这一成就无疑是令人瞩目的，但是在快速发展的过程中也无法避免地产生了一些问题。

1. 资源需求增长与资源约束矛盾不断加大

众所周知，我国是资源大国，资源总量大、种类全，但我国人口众多，人均资源量少，且质量总体不高，主要资源人均占有量远低于世界平均水平。根据我国第七次人口普查，2020 年，我国人口达到 14.1 亿人，仍然是世界第一人口大国，我国以占全世界 6.67% 的国土面积养活了约占全世界 18% 的人口，资源压力巨大。同时，我国矿产资源低品位、难选冶矿数量多，土地资源中难利用地多、宜农地少，水土资源空间匹配性差，资源富集区与生态脆弱区多有重叠。这是我国资源约束的客观原因。而在我国现代化建设进程中，各行各业对土地资源、矿产资源等需求都在不断增大，随着新型工业化、信息化、城镇化、农业现代化同步发展，我国对各项资源需求仍将保持强劲势头。资源的有限性与需求的旺盛性，必然造成两者矛盾不断加大，这就要求我们在发展中不断寻求两者的平衡，以实现可持续发展。

2. 城乡建设开发对生态环境造成较大压力

在城乡建设开发中，对良好地形、地质条件的土地资源需求较大，而具有建设适宜性与农业适应性的土地有较高的重叠性，在实际的建设中，建设用地会对农用地进行侵占，特别是对良好条件耕地的侵占，从而对粮食安全造成一定影响。另一方面，对能源的大量开采、对森林的砍伐、对水资源的攫取在很大程度上造成了资源环境的压力，而各类工业生产、农业生产以及人类生活产生大量污染物、污水等，也对空气、水质、土壤造成破坏，整个生态系统受到破坏和侵扰，生态环境压力倍增。根据《全国国土规划纲要（2016—2030年）》，2015年十大流域的700个水质监测断面中，劣Ⅴ类水质断面比例占8.9%，全国土壤总的点位超标率为16.1%，耕地土壤点位超标率为19.4%，全国水土流失、沙化和石漠化面积分别为295万km²、173万km²和12万km²，全国中度和重度退化草原面积仍占草原总面积的1/3以上，约44%的野生动物种群数量呈下降趋势，野生动植物种类受威胁比例达15%～20%。种种数据触目惊心，长此以往，生态环境必然无力承受，走向崩溃。

自2015年我国加快推进生态文明建设以来，我国生态环境质量持续改善、稳中向好。根据《2021中国生态环境状况公报》显示，339个地级及以上城市中，218个城市环境空气质量达标，占全部城市数的64.3%，同比上升3.5个百分点；全国地表水中Ⅰ～Ⅲ类断面比例为84.9%，同比上升1.5个百分点；一类水质海域面积占管辖海域面积的97.7%，同比上升0.9个百分点；全国受污染耕地安全利用率稳定在90%以上；全国生态质量指数（EQI）值为59.77，生态质量综合评价为"二类"。

生态环境逐步向好的数据让我们更有信心在城乡建设开发中更加注重低碳、环保、绿色开发，缓解生态环境压力，同时，也给人类更优质的生存空间。

3. 国土空间开发总体格局有待进一步完善

如前文所述，我国国土空间开发总体格局呈现"东南密、西北疏""沿海、沿江发展"的特点，国家战略层面高度重视国土空间开发利用与保护，积极采取相关措施优化和完善国土空间布局。然而由于长期注重发展速度，且发展过程中更多地采用"以点带面"的发展策略以及各地自身自然资源、地理区位、历史原因等的客观差异，在发展过程中难免出现不协调、不均衡的现象。目前，我国还存在着"经济布局与人口、资源分布不协调""东部与中西部发展不均衡""城市与乡村发展不同步""生态、生产、生活空间不和谐""陆地与海洋发展不统筹"的现象，总体而言，经济运行成本、社会稳定和生态环境风险加大，也就是社会效益未能实现最大化。因而，在未来发展中，国土空间开发总体格局需要进一步完善，为我国实现中国式现代化建设提供有力支撑。

4. 国土空间开发总体质量有待进一步提升

改革开放以来，我国城镇化速度快速增长，常住人口城镇化率由1978年的17.9%提高到2015年的56.1%，但城镇化粗放扩张，产业支撑不足，产业低质同构现象比较普遍，基础设施建设重复与不足问题并存，城乡区域发展差距仍然较大。同时，"土地城镇化"快于人口城镇化，建设用地粗放低效，城镇空间分布和规模结构不合理，与资源环境承载能力不匹配，自然历史文化遗产保护不力，城乡建设缺乏特色。因为管理制度等问题，还出现了城镇化大量农村转移人口难以融入城市社会、市民化进程滞后、"城市病"日益严重等问题。近几年，随着国家发展战略调整、政策措施改善以及各项社会性变革，我国国土空间开发保护逐步由重速度向提质量转变、由粗放扩张向精明增长转变，但由于"积重难返"，提升国土空间开发质量还需要一定的时间和过程，任重而道远。

国际经验表明，城市化发展近似一条稍被拉平的"S形"曲线，大致分三个阶段：缓慢发展期（30%以前）、快速发展期（30%～70%）、稳定发展期（70%之后），在第二阶段快速发展期，大致以50%为临界点可分为两个阶段，50%之前为加速发展阶段、50%之后为减速发展阶段。到2022年末，我国常住人口城镇化率达到65.22%（图1-1），城镇化进程进入快速发展期的后半程，处于减速发展阶段。在新时代新的发展节点，国土空间开发总体质量的提升是必然趋势，土地集约节约利用、公共基础设施的均等化、社会各项资源的共享化都是我国高质量发展背景下需要思考和创新的着力点。

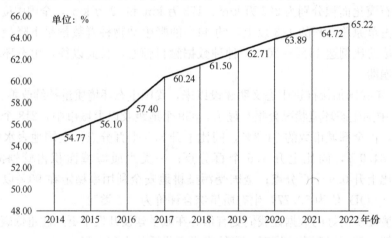

图1-1　2014—2022年末全国常住人口城镇化率
（来源：数据来自国家统计局，编者根据相关资料整理绘制）

1.2.5　小结

2021年3月，中国科学院空天信息创新研究院国家遥感应用工程技术研究中心张增祥研究员带领的国土资源团队，发布了1972—2020年中国典型城市扩展遥感监测数据库，反映了近50年中国城市扩展的时空变化特征：中国城市扩展具有普遍性、阶段性和波动性等特点；城市扩展与重大政策实施和国家战略部署具有时间一致性，能够清晰地反映"西部大开发""中部崛起""新型城镇化"等国家重大战略对城市用地的影响。从这一结论我们可以得知，国土空间开发保护利用应遵循国家发展新理念、大战略，构建新时代发展新格局。作为"国家空间发展的指南、可持续发展的空间蓝图""各类开发保护建设活动的基本依据"的国土空间规划在新时代、新要求、新理念下必然要承担更大的责任，利用先进的理念、技术、方法、策略编制科学的规划是对规划人的必然要求。解决"问题"不可能"一蹴而就"，遵循"问题导向""目标导向""结果导向"的一体化规划设计思路正是规划人需要遵循的工作准则，利用一体化规划设计理念指导规划编制，使规划更有利于引导城乡发展、优化城乡布局、提升城乡规划建设治理水平是规划人的使命。

本章参考文献

[1]　段进，刘晋华．中国当代城市设计思想[M]．南京：东南大学出版社，2018：52.

[2]　全国城市规划执业制度管理委员会．城市规划原理：2011 年版[M]．北京：中国计划出版社，2011.

[3]　李浩．八大重点城市规划：新中国城市初期的城市规划历史研究[M]．北京：中国建筑工业出版社，2016：13.

[4]　何冬华，邱杰华，袁媛等．国土空间规划：面向国家治理现代化的地方创新实践[M]．北京：中国建筑工业出版社，2020：25.

[5]　王俊斌．改造农民：中国农业合作化运动研究——以山西省保德县为中心[D]．北京：首都师范大学，2009.

[6]　林坚，赵冰，刘诗毅．土地管理制度视角下现代中国城乡土地利用的规划演进[J]．国际城市规划，2019，34(4)：23-30.

[7]　中国中共党史学会．中国共产党历史系列辞典[M]．北京：中共党史出版社、党建读物出版社，2019.

[8]　武力．1978—2000 年中国城市化进程研究[J]．中国经济史研究，2002(3)：73-82.

[9]　张京祥，夏天慈．治理现代化目标下国家空间规划体系的变迁与重构[J]．自然资源学报，2019，34(10)：2040-2050.

[10]　胡鞍钢．中国国家治理现代化的特征与方向[J]．国家行政学院学报，2014(3)：4-10.

[11]　余运江，任会明，高向东．中国城市人口空间格局演化的新特征——基于 2000—2020 年人口普查数据的分析[J]．人口与经济，2022(5)：65-79.

[12]　黄艳，安树伟．我国都市圈的空间格局和发展方向[J]．开放导报，2021(4)：15-23.

第 2 章
一体化规划设计的理论体系

2.1 一体化规划设计的研究综述

2.1.1 一体化规划设计的由来

2.1.1.1 一体化理念的概念辨析

一体化（Integration）一词起源于第二次世界大战后国际政治、经济关系领域，苏联在计划经济体制下密切的经济联系使得工业、农业迅速发展，整个国家内部变成了一个有机联系的经济统一体，相比较西方资本主义的市场经济集中化、专业化的生产程度更高。因此，一些西方学者将苏联这种发展模式称之为"一体化"或"超级一体化"。美国国际问题专家卡尔·多伊奇指出，一体化是指部分组成整体，即将原来相互分离的单位转变成为一个紧密系统的复合体[1]，用来解释国际政治、国际关系、国际经济中的诸多现象。发展至 20 世纪末期，一体化的概念开始变广，更多学者认为一体化一词不能仅用来解释如今已经出现的有形的机构或组织，还应该包括双边或多边协议进行的、不涉及结构性变化的国家间的经济、政治协调合作[2]。

"一体化"概念的含义可以理解为：将两个或两个以上的互不相同、互不协调的事项，采取适当的方式、方法或措施，将其有机地融合为一个整体，形成协同效力，以实现组织策划目标的一项措施。如今，一体化已成为日常生活中的一种常见现象，它的概念涵盖各个方面，比如横向一体化、纵向一体化、产运销一体化、一体化项目管理、一体化设计、机电一体化技术、物流一体化、QHSE 一体化管理体系、集约型一体化管理体系等，具体内涵和外延千差万别。

一体化有以下三个特征：

（1）地域性，一体化一般都是在地理上相互毗邻、接近，有密切地缘政治、地缘经济联系的国家间进行，地区一体化是当今世界一体化的主流。

（2）集团效应，一个地区中的若干主体一旦实行一体化，作为一个整体，它的作用和功能与一体化之前各个主体的作用和功能有着显著的不同。一般来说，一体化程度越高，集团效应也越强。

（3）结构变革，即随着一体化的深入，必然形成在各主体之上的"共同机构或组织"，以保证各项政策、方针的制定和执行。它是一体化过程的结果，又是保证一体化在更高层次上不断发展、完善的重要手段。那些根据双边或多边协议进行的、不涉及结构性变化的各主体之间的经济、政治的协调和合作，常常成为一体化的前期准备[3]。

2.1.1.2 传统规划工作的思考

随着我国城市的飞速发展，城乡规划工作一直在发生系统性变革，从城乡规划到国土空间规划的转变，代表了国家对国土空间全要素综合治理的决策施行。但是传统规划体系在面向多元化、专业化的城镇发展建设需求时，面临着无法适用的问题和困惑，主要聚焦在以下方面：

（1）空间规划向下传导方式单一，思考维度不足。传统的城乡规划法规体系编制和管理的工作要求只约束了底线，城乡空间建设需要实现高质量发展，多元化思考、多专业参与才能更科学合理地在当下时段去谋划未来，传统规划团队技术力量较为单一，对城市开发全周期可能遇到的困难和问题思考容易片面，导致规划传导面不足。

（2）审批流程复杂、周期长。传统的规划方案上报涉及多个部门和机构的审核和批准，并且不同职能部门之间缺乏有效的沟通与协调，往往需要经过多轮商榷；同时，基础数据与信息的不同步和不完整也会加剧审核周期与流程的复杂化，阻碍了规划的更新与实施，使得目标与实效不能良好控制。

（3）空间规划与建设实施存在差距。一方面，规划方案过于理想化，并不考虑实际的建设困难和限制，或导致后期资金不足，致使设计方案与实际的建设实施存在差距；另一方面，规划人员与工程技术团队间的割裂状态使得项目缺少沟通，往往导致方案会在建设过程中发生变更，加上缺乏有效的监管机制，建设者可能会违反规划理念。

2.1.1.3 一体化规划设计的提出

城乡规划是一门综合性学科，本身涵盖了自然科学、社会科学和工程技术等学科领域，制定有效、可持续的规划方案需要规划设计师考虑包括人口增长、经济发展、环境影响、社会需求等多种因素。面对传统规划体系存在的问题，"一体化规划设计"提出拓展广度和深度，即横向联合其他技术专业去规避风险、解决问题，纵向深入落实设计方案去展开服务[4]。一体化规划设计基于一体化理论的基本工作逻辑，融入城乡规划建设工作，注重资源整合、精简环节与交叉创新，以解决当下我国城乡建设过程中所面临的问题为导向，主动变革规划设计工作，顺应我国城乡发展新时期和市场需求，将城乡发展、空间规划以及方案设计等技术工作向公共管理和社会服务转变，工作职能也从提供图纸和文本的传统规划转向城乡开发建设"陪伴式"智库服务，即除常规的规划工作外，也要考虑各专业的工作衔接，以及城乡功能的驱动力、市场供需关系、规划评价、规划管理全过程周期的综合信息反馈。一体化规划设计可以有效提高城乡整体效益，改善城乡环境，加强城乡生态系统，提高城乡人民生活质量，促进城乡全面协调发展。

2.1.2 一体化规划设计的理念支撑

2.1.2.1 可持续化

本书所提出的一体化规划设计理念，其概念来源于可持续发展。可持续发展是一个被广泛使用的术语，源于 1987 年由联合国举办的世界可持续发展会议，会上世界环境与发展委员会发表的报告《我们共同的未来》中明确指出："可持续化就是既能满足当代人的需要，又不对后代人满足其需要的能力构成危害的发展。"此后，可持续发展因其广泛的涉及面，根据研究领域的不同，对其理解也进行了专度与深度的延伸，并成为各国政府、企业和社会组织的发展方针，它对于促进人类社会和自然界健康协调发展具有重要意义。2002 年，党的十六大正式把"可持续发展能力不断增强"作为全面建设小康社会的目标之一，坚持以人为本，以人与自然和谐为主线，坚持不懈地全面推进经济社会与人口、资源和生态环境的协调。党的十八大以来提出的五大发展理念、"两山"理论、生态文明思想等则是对可持续发展理念内涵的丰富与完善，中国将为全球可持续发展做出突出贡献。

反映到城乡规划建设方面，可持续发展就是在城乡生态环境可承载的范围之内，以最小的经济、技术、资金、资源、劳动等内部消耗，实现城乡经济效益、社会效益、生态效益的最大化，既满足城乡在现代化建设中的发展需要，又满足未来城乡的建设发展需要[5]。通过评估城乡的资源环境状况，制定可持续的城乡发展战略，包括资源利用、环境保护、生态平衡、社会公正、经济效益等，为人们提供健康、安全和舒适的生活环境。

哥本哈根是全球应对气候变化的领先城市，制定并实施了卓有成效的可持续发展战略。2022 年，哥本哈根二氧化碳排放量较 2009 年减少 80%，成为绿色环保的典范。哥本哈根为了实现碳中和目标，市政府制定了一系列行动计划，包括大力发展风能等绿色可再生能源、鼓励市民选择绿色出行、推广绿色建筑等 50 个具体项目。比如在可再生能源方面，区域供暖系统将使用更多垃圾焚烧发电厂产生的热量，目前已满足 98% 的城市供热需求；在城市规划方面，建设可持续排水系统、回收雨水、绿色屋顶、太阳能电池板等可再生能源功能在最新建筑中越来越普遍；又如，推广步行、骑自行车和乘坐公共交通工具方式，并发展电动车和氢动力车。同时，哥本哈根拥有更丰富、更人性化的环境智慧城市设计，再次保证了成为最可持续发展城市的方向，实现 2025 年建成世界首个碳中和城市的目标。

哈马碧城是欧洲及全球最大的旧工业区改造项目，是瑞典可持续发展模式的典型代表，也是可持续发展突出案例。哈马碧城位于瑞典首都斯德哥尔摩，曾是一片废弃的工业区，污染严重。20 世纪 90 年代，斯德哥尔摩以环保和绿色科技为核心，将哈马碧城重新打造成了一个以生态概念建立的友好型社区。在土地利用上，社区内住宅、绿地与水系紧密联系，构成了与周边自然环境相互交融的生态格局，同时内外连通的小尺度开放社区与围合式的住宅形式组成的街区肌理使空间利用更加紧密；同时，哈马碧城斥巨资进行公共交通网络建设，建成了以轻轨、公共巴士、共享汽车为主的便捷且高效的公共交通体系，城市内部道路构建以自行车、步行为主的慢行系统[6]；在环境设计上，打造景色优美的景观视觉通廊，依托滨水空间设置了码头工业、栈桥步道等游憩场所，亲水空间的各个细节共同营造出城市与自然交融的宜人生态环境。哈马碧城的生态规划真正达到了人与自然和谐相处，积极与自然环境互动、互惠互利。

2.1.2.2 产城融合

产城融合是相对于产城分离提出的一种将传统的城市规划和产业发展深度融合的模式，通过整合城市与产业资源，提高城市内部产业结构的适应性和竞争力，加强城市与产业的互动关系，从而促使城市产业结构的优化和城市经济的升级，提升城市的创新能力和核心竞争力，提高城市的文化软实力和城市品位，并改善城市居民的生活品质，促进城市的可持续发展。

产城融合已成为全球城市发展的热门话题。产城融合的措施包括以下方面：

（1）产城规划先行。积极参与国际化竞争，通过调整产业结构和空间布局，鼓励企业在城市中设置研发中心、总部和生产基地，实现城市经济和产业发展的良性互动。

（2）改善城市环境和公共设施。通过完善城市基础设施建设、加强社会保障制度，将产业空间与住宅、商业等功能区高效混合布局，避免使新城变成职住失衡的"睡城"。

（3）促进城市创新与智能化发展。通过数字化和智能化技术，实现城市的高效管理，增强城市创新能力。

新加坡的腾飞与工业园区这一产业载体的发展密不可分，纬壹科技城便是在创新主导下产城融合发展的经典案例之一。纬壹科技城位于新加坡科技走廊上，以生命科学，信息科技、环境科学与工程和数字创意多媒体为三大主导产业，是创新产业的热土。在 2000年，新加坡政府提出集"工作、学习、生活、休闲于一体"的活力社群概念，发展知识密集型产业，打造综合产业平台，"产城一体化"的纬壹科技城就此开始新建。科技城有着特色的功能融合的规划，将产业与生活一起抓，形成包括研发、教育、商业、公寓、休闲等的综合活力社区；在交通方面则实现了车行和人行的无缝衔接，规划有环形车行流线用于公共交通和私家车出行，内部以步行街区为主，步行的范围从地面街道扩展到地下、地面、空中的立体空间。

苏州工业园区已经成为苏州经济增长的主要引擎，目前较好地承担了"苏州新中心"的职能，且基本实现了产城融合发展，各方面建设和配套均走在了长三角城市建设乃至全国城市建设的前列，成为全国城市新区建设的标杆。

苏州工业园区在产城融合发展方面优先于其他经济开发区主要体现在理念引领、规划前瞻、产业体系、城市功能、发展更新机制等方面。首先，园区以现代产城融合发展理念为引领，从建设初期就开始贯彻产业发展与城市建设并进，奉行产业发展与城镇建设同步的现代化发展理念；其规划具有一定前瞻性，将国际先进的城市规划设计理念引入园区，勾勒出国际化、现代化、园林化的新城区框架，中外专家联合编制的区域总体规划和详细规划，科学布局工业、商贸、居住等各项城市功能，此后又陆续制定和完善了 300 多项专项规划。其次，园区抓住了全球跨国公司产业转移的重要契机，贯彻了产业链、上下游配套和招商选商的发展理念，以主导产业的动态更新为基础，启动了产业结构的转型升级，在产业结构持续更新的动力源方面，不断优化既有产业门类与发展层次。最后，园区以城市功能优化提升为支撑，在区块功能优化、生活配套改善、社会治理创新和品质文化塑造等软实力上下足功夫，以吸引一些有利于提升城市匹配产业发展能力的要素保障和创新载体项目，营造好产业创新发展、可持续发展、绿色发展的城市氛围。

2.1.2.3　创新驱动

创新驱动由管理学家迈克尔·波特提出，他以钻石理论为研究工具，以竞争优势来考察经济表现，从竞争现象中分析经济的发展过程，从而提出国家经济发展的四个阶段：生产要素驱动（factor-driven）阶段、投资驱动（investment-driven）阶段、创新驱动（innovation-driven）阶段和财富驱动（wealth-driven）阶段。前三个阶段是国家竞争优势的主要来源，一般伴随着经济上的繁荣，而第四个阶段则是转折点，可能由此开始衰退。创新驱动理念认为创新是经济发展的核心动力，只有通过技术创新，以市场需求为导向，同时注重人才培养，方能促进经济转型升级，带动新一轮产业发展，增强经济增长潜力。

创新驱动在我国被写入了顶层文件，是我国重要的国家发展战略。党的十八大明确提出："科技创新是提高社会生产力和综合国力的战略支撑，必须摆在国家发展全局的核心位置。"强调要坚持走中国特色自主创新道路、实施创新驱动发展战略。这是我们党放眼世界、立足全局、面向未来做出的重大决策。实施创新驱动发展战略，有利于促进经济结构的升级和转型，推动中国经济由依靠低成本劳动力和资源优势的发展模式向以创新为驱动的高质量发展模式转变，为我国持续发展提供强大动力；实施创新驱动发展战略，可以提高我国在全球的竞争力，充分利用科技创新的渗透作用，加快从制造大国向制造强国、创新大国转型，提升国际话语权和影响力；实施创新驱动发展战略，对改善生态环境、减少污染、降低能源消耗具有显著作用，从而增强可持续发展能力。

创新驱动是一种系统性、整体性、协同性的全面创新，创新驱动的内容包括：产业创新、科技创新、产品创新、制度创新、开放创新和文化创新。可以说从宏观到微观，从国家到企业，都是参与者。规划设计作为城乡建设的重要环节，也应深入理解并落实创新驱动对新时期城乡发展的影响，在空间创新方面，营造能满足创新驱动各要素承载生长的空间，适配创新生态构建的城乡支撑系统；在技术创新方面，整合专业链，形成集群式创新思维逻辑，为城乡发展全周期进行更加科学合理的决策判断。

张江科学城围绕科创积极探索制度创新，真正做到了把科技创新摆在首位，成为上海乃至全国科技创新领域的代名词。在张江国家自主创新示范区"一区22园"的空间格局中，相继涌现出最具突破性的制度创新、最具竞争力的前沿科技、最具聚合力的产业生态、最具吸引力的规划、最具前瞻性的辐射带动。张江科学城建立了以创新驱动为本体的一整套机制，完善激励机制、丰富创新活动、植入创新文化，并为创新驱动提供充足的资源支持，将前瞻性投入作为一种基本投入方式，重视战略性和预见性创新，以适应快速变化的市场环境。同时，不断发展交叉学科，支持跨学科研究，鼓励跨学科交叉，促进跨界研究、分析和应用，加快科技和商业的融合。张江通过坚持全球格局，成为具有远大抱负的理想之城；坚持自立自强，成为策源潜力卓越的创新之城，张江用实践走出了一条特色创新之路。

广州科学城位于广州开发区，拥有国家级企业孵化器，成为广州乃至广东科技创新、高新技术产业、产城融合园区的典型范例。广州科学城以科学技术的开发应用为动力，以高科技制造业为主导，配套发展高科技第三产业，成为具有高质量城市生态环境，完善的城市基础设施，高效率的投资管理软环境的产、学、住、商一体化的多功能、现代化新型科学园区。广州科学城围绕创新发展主题致力于打造"万亿"工业强区，突出科技创新，布局重大科技基础设施，吸引国际一流科研机构、高水平产业技术研发和转化平台；突出产业创新，围绕构筑创新型现代产业体系，聚焦发展新一代信息技术、人工智能、生物医药三大千亿级产业集群，打造一批工业化与信息化深度融合的示范工厂，还将布局实施产业路径创新工程；突出制度创新，加快创建国家级营商环境改革创新实验区，主动融入粤港澳大湾区发展战略；突出开放创新，打造服务"一带一路"倡议重要支撑区，提升国际合作平台，融入国际创新网络，并不断创新国际合作策略。

2.1.3 一体化规划设计的目的与意义

一体化规划设计是以规划专业为引领，融汇城乡规划建设工作所涉及的横纵向专项工作思考，利用多专业融合的集群优势，将规划设计工作转变为一种深度参与城市发展全周期的系统性工作。

（1）一体化规划设计有助于"缝合"工作边界。传统的规划和设计工作受法律约束、部门分工、专业程度、市场需求等因素影响，规划和设计工作之间存在边界，往往在不同工作的边界向另一个边界传导过渡中，会产生不必要的程序重复，并且会造成理解误差，影响决策初衷。一体化规划设计能缩小或者消除"边界",达到"缝合"效果,包括体系缝合——概念规划和产业规划、法定规划、城市设计、地块方案设计之间的缝合;系统缝合——城市功能系统、交通系统、生态系统、公共服务系统、智慧城市系统、综合能源系统的缝合;政策缝合——不同部门、不同地界能够协同的政策缝合。

(2)一体化规划设计有助于实现交叉创新。交叉思维是指两种或两种以上的思维方式同时综合交叉运用的思维方式。如纵向思维和横向思维相结合;辩证思维和创新思维相结合,或不同领域、不同科学、不同文化的思维交叉运用。通过与其他领域专业人士的合作,可以汇聚不同领域的想法和经验,从而创造出更具创新性的解决方案。交叉创新思维已经被广泛应用于设计、科技、商业等领域,成为推动创新和发展的一种有效方式。因此,一体化规划设计可以打破单专业、少专业的固化思维,以多专业融合参与的方式,促进思维的碰撞,建构面向未来、引领示范的创新城建工作框架。

(3)一体化规划设计有助于实践城市经营。城市经营是指以城市政府为主导的多元经营主体,根据城市功能对城市环境的要求,运用市场经济手段,对以公共资源为主体的各种可经营资源进行资本化的市场运作,以实现这些资源资本在容量、结构、秩序和功能上的最大化与最优化,从而实现城市建设投入和产出的良性循环、城市功能的提升及促进城市社会、经济、环境的和谐可持续发展。我国新时期城乡工作处于践行生态文明建设、实现高质量发展的阶段,大多数城乡政府职能经历了从建设城乡到管理城乡,再转向经营城乡的过程,因此,新时期城乡工作是当下各级政府的重要课题。一体化规划设计既要延续"自上而下"的规划思路,也要顺应"自下而上"的城乡空间开发和运营的特点及其市场规律,不仅要从全局整体地考虑公共权益,也要从个案角度思考开发权益,使公共和私人项目在各自利益得以保证并相互促进下共同推进城乡发展,实现"优地优用",获取社会、经济、环境等方面的综合最大效益。一体化规划设计强化了规划从蓝图到实施的全过程把控能力,其对过程的控制、不同利益主体的协调、规划实效性的追求,均具有更好的延展性、更强的协调性以及更灵活的控制弹性[7]。

2.1.4 一体化规划设计的内涵

2.1.4.1 生态与城市一体化

党的十八大以来,我国大力推进生态文明建设,尊重自然、顺应自然、保护自然,努力建设美丽中国,实现人与自然和谐共生的现代化。在生态文明背景下,生产空间、生活空间、生态空间的融合发展与合理利用成了空间规划工作的重要议题之一,因此需将城市设计与生态学相结合,通过协调自然环境、人工环境与城市空间的关系,从而达到城市空间环境优化的目标。

生态与城市一体化的意义在于它可以使城市的发展与生态保护相协调,实现城市和自然环境的和谐共生。这不仅可以提高城市的环境质量和居民的生活质量,还可以促进城市的经济发展和可持续性,提高城市的竞争力。同时,生态与城市一体化也可以带动城市的创新和科技发展,推动城市向更加智能化、绿色化和可持续化的方向发展。

要推进生态与城市的一体化发展,一方面要加强山水林田湖草沙的一体化系统治理,划定并严格遵守生态保护红线、环境质量底线、资源利用上线,通过进行生态修复和保护,重建被破坏的生态系统,恢复生态平衡,优化国土空间开发格局,加快建立以国家公园为主体的自然保护地体系。另一方面，要积极推进实施智能化城市、绿色城市建设等可持续发展解决方案，包括：加强城市绿化和园林建设，增加城市的绿色空间，提高空气质量和生态环境；加强人口空间地理位置的智能配置以及现代设施的及时落实，进一步完善城乡建设的管理机制，建设现代城市；优化城市交通系统，减少交通拥堵和污染，提高城市生活质量；建设雨水收集和利用系统，减小城市排水压力，提高水资源利用效率；采用可持续建筑设计和技术，减少建筑对自然环境的影响，提高城市的可持续性等。

新加坡作为"花园城市"，绿化覆盖率达到 50%，景观面积占其国土面积的近八分之一，只要有空间的地方就有绿化。新加坡采取了一系列措施来保护和改善城市的绿化环境。实施全面的绿化计划，鼓励垂直花园和屋顶花园；规划建设更多的公园与开放空间，并用绿色廊道相连；履行交通管理计划，建设步行和自行车道，推广共享汽车和电动车；加强水资源管理，规划许多公园和湖泊以提供自然水体和水景，充分利用海岸线资源。这些措施让新加坡成为一个绿色、可持续和宜居的城市，为居民提供了更好的生活环境。

2.1.4.2　产业驱导空间一体化

于城市本身而言，产业规划不仅具有集中发展资源、促进经济增长的作用，而且在改善税收和社会保障等城市功能方面发挥着非常重要的作用。在经济全球化的大背景下，区域间的产业协作有利于区域协调发展，合理分工、优化合作，例如通过整合跨区域同质化产业链条，推进产业链上下游在区域间清晰布局，统筹同质化产业。因此，从宏观视角对产业与空间进行一体化的整体规划，与周边城市联结成具有密切联系的一体化区域，培育经济增长新动能。

产业研究的目的是选择规划区域可发展的产业类型以及不适合的产业类型，研究内容包括了产业发展战略研究、产业规划及相关产业选择[8]。产业驱导空间一体化发展的战略可涵盖以下措施：①制定符合实际的产业引进和升级战略，率先走向节能减排、降耗环保、集约化发展的路线，大力发展现代服务业；②加强产业创新体系建设，规划构建"企业-研究院-投资机构"等技术成果快速转化的产业空间，深化企业与高等院校和科研机构之间的科技创新合作，建立可持续的产业发展模式；③积极完善社区服务与基本功能，提高入住率与职住比，促进产城融合发展。

2.1.4.3　规划决策一体化

在城乡规划与设计中，制度机制起着重要作用。充分发挥城乡规划的指导、组织和协调作用，能够促进多方共同参与，有效控制规划实施过程中可能出现的秩序紊乱，避免过度发展对环境的危害，保证规划的顺利实施。

一是科学定位城乡发展的内涵。应根据城乡地域条件、资源环境及全面发展要求，确定城乡发展的内涵及界限，为规划与设计提供统一的基础数据。二是优化规划结构。目标能够实现的关键是规划结构的多样化、足够细致、易于操作。应采用系统的科学方法，构建完善的分层关系，协调推进城乡发展的各项工作。三是设置针对性机制。要考虑体制机制和决策的一体性，结合实际需要的对接过程，根据区域环境和当地特点，把握好政策支持力度，有针对性地优化发展结构。四是提升决策能力。应深入挖掘体制机制和决策机制的实质，进一步强化体制机制建构与决策能力，提高协调协作能力，形成调动体制和机制两者相互补充、协同分工、互为支撑的体系，推进城乡规划的实施。

2.2　一体化规划设计的思维模型

相比传统规划更适用于宏观向微观传导、目标导向的工作体系，一体化规划设计聚焦在中微观层面，形成"自上而下"和"自下而上"相融合的工作体系。传统的线型思维模式作为科学研究的基本方法之一，多适用于研究经济社会组织的发展，规划事务的发展轨迹是呈直线型的，使得很多问题都能得到最优解（图 2-1）。然而线型模式更适用于处理简单的线型关系，在代入复杂多变的事务时，往往会造成死板僵化、钻牛角尖的情形。城市规划作为一门综合性、交叉性较强的学科，由于受决策落地的不确定性、时间上的滞后性等因素影响，循环传导的一体化思维模型更有利于及时衡量与评价城市目前的发展状态并做出反馈。

图 2-1　传统规划思维模型

从传统的线性传导模式转变为问题导向、定位谋划、理念吸纳、策略运用、规划制定的循环传导反馈模式，并在传导与反馈的更迭中催生有利于城市发展的、渗透于不同环节内的"N"个创新点，以此构建一体化规划设计"5＋N"的思维模型（图 2-2）。

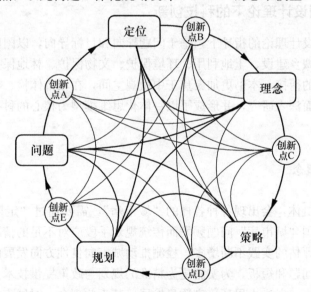

图 2-2　一体化规划设计思维模型

在此模型中，"问题"指问题导向，即坚持问题导向在城乡规划工作中的引领作用。要实现高质量发展，就需要向内审视飞速扩张后的城市，条分缕析、问题精细化，以解决问题作为城乡规划工作的出发点，开展后续工作。坚持以问题导向为主的同时，也要兼顾目标导向、结果导向两种方法的灵活运用，保证前期研究的科学性、全面性。

"定位"指定位谋划。规划定位是对城乡发展提出的客观判断，是结合三种导向思考后对城乡规划提出的具体呈现，包括但不限于发展定位、城乡定位、功能定位等，通常是对一个城市、乡村或地区未来发展目标的提炼总结。

"理念"指理念吸纳。与传统规划理念的区别在于，这是以一体化规划设计总体理念为基础，吸纳了不同工作尺度和专业角度的理解，凝聚出更具针对性的规划理念，是城乡工作者长期的理念思考及实践所形成的思想观念、精神向往、理想信仰的抽象概括。

"策略"指策略运用。是为解决问题、实现定位而提出具体可行的方案集合、行动方针、实施路径。一体化规划设计工作背景下提出的策略是系统的，不只是规划策略，更包含了引导后端开发落地的考量。

"规划"指规划制定。"城乡规划"是规范城乡发展建设，研究城乡的未来发展、城乡的合理布局和综合安排城乡各项工程建设的综合部署，是一定时期内城乡发展的蓝图，是城乡管理的重要组成部分，也是城乡建设和管理的依据。城乡的复杂系统特性决定了城乡规划是随城乡发展与运行状况长期调整、不断修订、持续改进和完善的复杂的连续决策过程，因此，模型中的"规划"是能够动态与其他模块高度互动的。

"创新点"指嵌入到模型运转流程中的创新模块，一体化规划设计的精细化程度很高，所以各工作模块能够细分为独立子系统，各子系统之间能够交叉关联，也能够根据需求嵌入创新模块，可以是创新方案、科技手段、专题研究或衍生产品。

2.3 一体化规划设计理论下的科技创新

在一体化规划设计理论的指导下，基于问题导向和目标导向，以国民经济和社会发展规划为依据，强化城乡建设、土地利用、环境保护、文物保护、林地保护、综合交通、社会事业等各类规划的衔接。本书更加聚焦于中微观空间，在城市体检、数字城市、安全城市、低碳城市等方面深入研究，并形成了以一体化思维模型为核心的科技创新。

2.3.1 城市体检

2.3.1.1 背景与概念

1. 发展背景

城市是一个有机体，会出现各种各样的"城市病"，需要通过"定期体检"来明确健康情况。在当前我国"城市病"问题频发而传统规划手段应对不足的情况下，定期对规划实施情况进行检测评估的实践不断增多，检测推动城市向良性方向发展的因素，找出城市建设发展中存在的问题和短板，为实施更为精准的规划与政策提供技术支撑，推动建设没有"城市病"的城市，促进人居环境高质量发展。基于此理念，对城市的各项指标的体检工作已逐步展开。

城市体检工作缘起于规划实施评估工作，这项工作经历了由住房和城乡建设部主管到自然资源部与住房和城乡建设部各自推进的发展历程[9]。从时间上以 2018 年为分界线，2018 年之前，由初期的关注规划的实施效果，逐渐发展到规划实施评估实践增多，并形成规划评估制度，两个部门均提出"建立城市体检评估机制"，北京、上海等大城市陆续开展了城市体检评估工作；2018 年以来，国土空间规划的城市体检评估与城市体检平行推进，由自然资源部部署城市体检评估工作，由住房和城乡建设部部署城市体检工作，由此各城市逐步开展两项城市体检工作。本书提及的研究及实践对象侧重于住房和城乡建设部主持推动的城市体检工作。

2017 年，住房和城乡建设部明确了"一年一体检、五年一评估"的规划评估机制，2018 年开始选取试点城市逐步落实，2019 年住房和城乡建设部选择 11 个样本城市开展体检试点，2020 年选择了 36 个样本城市全面推进城市体检工作，并增加了防疫相关的健康舒适、安全韧性等体检指标。2021 年，进行城市体检的城市扩大至直辖市、计划单列市、省会城市和部分设区城市，共 59 个样本城市。2022 年发布《住房和城乡建设部关于开展2022 年城市体检工作的通知》，公布了 2022 年城市体检名单，涵盖 31 个省、自治区、直辖市的 59 个城市。随着样本城市的实践，体检指标也根据社会发展及城市更新建设的实际情况不断增加，以更准确地检测出"城市病"，有针对性地"开方、下药"，持续稳步提升人居环境水平和城市现代化、精细化治理水平。

2. 概念内涵

所谓"城市体检"，就是对城市人居环境质量、城市发展建设及管理工作的成效进行定期分析、评估、检测和反馈，及时把握城市发展状态，查找"城市病"，有针对性地制定对策措施，推动城市实施更新行动、统筹规划建设管理及城市人居环境高质量发展[10]。试点城市以问题导向和目标导向相结合的原则开展城市体检，主要通过城市自体检、第三方体检和社会满意度调查相结合的工作方式进行。

城市自体检。以城市政府为主体开展自体检工作，通过官方渠道统计收集体检指标内容及各行业各部门数据，分类叠加测算各项指标数据，获取数据测算结论，查找处于低级水平的指标，总结城市发展短板和问题，有针对性地"开方、下药"，统筹城市各类建设资源。

第三方体检。主要依托于互联网、大数据、遥感等技术手段开展，重点关注大数据与社会经济发展的关键指标直接的关系与规律，收集相关指标数据，摸清城市建设的成效和问题短板，为分析评估提供有力的技术支撑。

社会满意度调查。社会满意度调查是城市体检评估的重要手段，由第三方团队通过问卷调查、实地走访等方式，围绕城市体检的各项指标，结合专家和市民对城市建设与管理成效各方面最直观的满意水平，定量评价城市体检得分，查找城市发展的突出问题和短板，结合实际情况合理解决发现的问题。

2.3.1.2　城市体检指标体系构建

能否通过体检找出病症，检查项目是关键。在城市体检评估中，指标体系能够直接反映城市战略目标的实施情况，并指导下一步的规划工作。

根据《住房和城乡建设部关于开展 2022 年城市体检工作的通知》，2022 年"城市体检"指标体系包含生态宜居、健康舒适、安全韧性、交通便捷、风貌特色、整洁有序、多元包容、创新活力 8 大目标[11]，共 69 项指标，较前几年的指标体系有所调整（图 2-3）。总体上，指标总量逐年增加，如 2022 年的指标体系结合新冠肺炎疫情防控、自建房安全专项整治、老旧管网改造和地形综合管廊建设等工作需要，着重增加或更改了生态宜居、健康舒适、安全韧性、多元包容等方面的指标内容及相关解释，并制定了评价标准，细化了指标内容，更好地综合评价城市发展建设问题，找出"城市病"，有针对性地提出对策措施，推动建设宜居、绿色、韧性、智慧、人文的城市。

生态宜居
（19项）
· 区域开发强度
· 新建住宅建筑高度超过80米的数量
· 城市生态走廊、生态间隔带内生态用地占比
· 城市绿道服务半径覆盖率
· 城市生活污水集中收集率

健康舒适
（12项）
· 完整居住性社区覆盖率
· 社区便民商业服务设施覆盖率
· 社区养老服务设施覆盖率
· 社区托育服务设施覆盖率
· 社区低碳能源设施覆盖率
· ……

安全韧性
（12项）
· 城市可渗透地面面积比例
· 城市年自然灾害和安全事故死亡率
· 人均避难场所有效避难面积
· 城市标准消防站及小型普通消防站覆盖率
· 城市市政消火栓完好率
· ……

交通便捷
（6项）
· 建成区高峰期平均机动车速度
· 城市道路网密度
· 城市常住人口平均单程通勤时间
· 通勤距离小于5公里的人口比例
· 轨道站点周边覆盖通勤比例
· 专用自行车道密度

城市更新指标体系

8大目标
69项基本指标

风貌特色
（5项）
· 万人城市文化建筑面积
· 破坏历史风貌负面事件数量
· 历史文化街区、历史建筑挂牌率
· 历史建筑空置率
· 当年获得国内各类建筑奖、文化奖的项目数量

整洁有序
（6项）
· 门前责任区制度覆约率
· 街道立杆、空中线路规整性
· 道路车辆停放有序性
· 重要管网监测监控覆盖率
· 城市窨井盖完好率
· 实施物业管理的住宅小区占比

多元包容
（5项）
· 道路无障碍设施建设率
· 新市民、青年人保障性租赁住房覆盖率
· 租住适当、安全、可承受住房的人口数量占比
· 新增保障性租赁住房套数占新增住房供应套数的比例
· 居住在棚户区和城中村等非正规住房的人口数量占比

创新活力
（4项）
· 旧房改造中，企业和居民参与率
· 房地产服务类行业增加值占地区生产总值增加值的比重
· 城市更新改造投资与固定资产投资的比值
· 社区志愿者数量

图 2-3　住房和城乡建设部城市体检指标体系
（来源：《住房和城乡建设部关于开展2022年城市体检工作的通知》）

　　自城市体检评估实施以来，其在城市更新行动过程中的作用日益突显，未来城市体检将成为统筹城市规划建设和管理、推动实施城市更新行动、促进城市开发建设方式转型的重要抓手，推动建设没有"城市病"的城市。

2.3.1.3　城市体检实践

　　苏州工业园区商务区积极开展城市体检工作，第三方体检团队通过问卷调查、实地走访等方式收集片区功能体检相关内容，基于获取数据及官方提供资料，对苏虹路沿线企业现状创新活力、交通便捷、风貌形象、配套设施、低碳生态等方面深入体检，评估产业发展的优势条件和制约因素，并提出近远期体检建议策略。

　　苏州工业园区商务区作为苏州工业园区开发最早、发展最成熟的区域，在面临土地资源瓶颈约束的大背景下，区内产业发展与用地空间的矛盾不断突显。随着商务区部分片区逐步启动城市更新工作，包括现代服务产业园的全面开发及CBD南工业区更新工作的逐步推进，苏虹路沿线片区迎来更新机遇。苏虹路沿线片区作为商务区主中心与阳澄南岸创新城之间重要的城市界面及园区东西向重要的发展路径，其在园区的空间版图、产业协作结构上均具有重要的地域意义及发展前景，其未来的更新发展也亟待思考。商务区高度重视苏虹路沿线片区的开发，考虑对片区进行更新，以产业功能为基础，低效转优，优而更优，要充分考虑发展新兴产业，加强与现代服务产业的联系。因此，针对苏虹路沿线片区需加强功能价值和方向研究，提前谋划未来发展布局，提前研究落位，做到研究先行、谋定后动。

　　1. 搭建苏虹路沿线特色功能体检指标体系

　　苏虹路沿线功能体检工作的开展，以目标导向为原则，围绕一个战略定位、两个目标和三个方向，最终确定了五个维度的体检指标。一个战略定位是指打造"高端制造产业长廊"，集聚智能制造龙头企业，承载智能工厂，搭建创智孵化云平台，引领园区制造业转型升级。两个目标分别是指高效率的工业智造和高品质的产业空间，通过智能制造实现生产过程自动化，由智能装备、智能产线、智能车间到智能工厂的发展，能够创新企业的生产模式，提高生产效率；完善的产业服务、智能的产业生产和管理系统及低碳生态的公共空间都有利于打造高品质的产业生产空间。三个方向是指借鉴国际先进经验、工业4.0产业需求及住房和城乡建设部城市体检指标体系，作为基地指标选取的具体指向，借鉴新加坡裕廊创新区利用新兴智慧科技推动制造业向产业 4.0 转型经验，包括产城融合、智慧基础设施、创新开发空间及复合业态环境等策略；参考工业 4.0 的产业需求，研究智能化生产系统及过程，推动制造业向智能化转型；最后根据住房和城乡建设部城市体检指标体系，以 8 大维度目标 69 项指标为参考，立足苏虹路沿线企业功能的自身特点，选取与片区特色相关度较高的维度进行优化调整。

2. 苏虹路沿线功能体检指标

围绕生态宜居、健康舒适、安全韧性、交通便捷、风貌特色、整洁有序、多元包容、创新活力 8 个维度，在落实八大板块指标基础上，苏虹路沿线片区功能体检重点响应高端制造产业长廊、产业社区、智慧工厂、产业地标等城市重点产业展示区的定位来开展体检工作，并参考新加坡裕廊创新区先进经验和工业 4.0 产业需求的方向，筛选出创新活力、交通便捷、风貌形象、低碳生态四个维度，并增加配套服务维度，对苏虹路沿线企业发展状况与质量进行全面综合的评估（表 2-1）。

苏虹路沿线片区功能体检指标体系　　　　　　　　表 2-1

目标	指标	解释	指标性质	单位
创新活力	企业税收总额	2021 年度企业的纳税总额	导向指标	万元
	企业亩均税收	片区内各类企业实缴税金与占地面积的百分比	底线指标	万元/亩
	企业资源集约利用评级	片区内综合资源集约化的利用评级	导向指标	—
	研究与实验发展（R&D）经费支出占工业总产值比重	企业 2021 年在基础研究、应用研究和实验发展的经费支出与工业总产值的比值	导向指标	%
	企业更新改造投资与固定资产投资额	企业 2021 年在更新改造项目投资，与固定资产投资的比值	导向指标	万元
	实现智能化生产企业占比	配备有智能设备的智能化工厂占工厂总量的百分比	导向指标	%
	具有区域研发性功能总部的企业占比	企业中具有智能生产技术、管理模式、智慧平台等研发性功能服务具有创新引领服务输出的企业占比	导向指标	%
交通便捷	片区高峰期路网运行状态	片区内主要道路高峰期间服务水平	导向指标	—
	城市道路网密度	片区内城市道路长度与建成区面积的比例	导向指标	km/km²
	公共交通站点周边覆盖比例	公共交通站点不同步行时长范围内覆盖的地块占比	导向指标	%
	公交线网密度	片区内有公交线路的道路中心线总长度与区域用地面积的比例	导向指标	km/km²
	公共停车场覆盖率	公共停车场周边 3 分钟/5 分钟步行覆盖率	导向指标	%
风貌形象	建筑风貌	评估厂区建筑整体风貌，分为较好、中等、较差三类	导向指标	—
	重要城市界面风貌	评估沿娄江快速路及第五立面建筑风貌，分为较好、中等、较差三类	导向指标	—

续表

目标	指标	解释	指标性质	单位
配套服务	生产性服务设施	片区内生产性服务设施（产业共享平台、孵化平台）配备数量	导向指标	个
	生活性服务设施覆盖率	片区内生活性服务设施（商超住宅等）覆盖率	导向指标	%
低碳生态	节能技术使用率	片区内使用节能技术的企业占比	导向指标	%
	企业环评达标率	片区内当年达标环评企业占企业总量的比例	底线指标	%
	绿色能源使用占比	片区内使用绿色能源的企业占企业总量的比例	导向指标	%
	原料利用率	企业原料使用过程中的利用比例	导向指标	%

苏虹路沿线最早从 1995 年开始就有企业注册，2000 年后发展成为跨国公司的集中聚居区域，聚集了博世、艾默生、SEW、友达光电等一批企业。为实现持续高效发展，须朝着科技含量高的方向发展，而片区内企业大多以传统制造加工业为主，缺乏核心竞争力，面临创新研发动力不足、服务配套缺失、制造业转型升级等问题。因此，苏虹路沿线功能体检指标首先重点强调"创新活力"，通过企业资源集约利用评级、研究与实验发展（R&D）经费支出占工业总产值比重、企业更新改造投资与固定资产投资额、实现智能化生产企业占比、具有区域研发性功能总部的企业占比等指标，研究沿线企业的创新能力、智能化工厂和工业 4.0 实现水平。其次，研究"配套服务"指标，检测片区内服务功能，生产性服务与生活性服务能够为产业提供研发孵化服务、人才创新服务等就业人群多方面的需求。通过"低碳生态"指标，增加了节能技术使用率、企业环评达标率、绿色能源使用占比、原料利用率指标，研究企业绿色节能减排、生产制造技术等方面的基本情况。最后，保留住房和城乡建设部城市体检指标中的"交通便捷""风貌特色"指标，并根据沿线厂房办公类建筑形象，将"风貌特色"改为"风貌形象"。

3. 功能体检结论及建议

通过对苏虹路沿线企业进行功能指标评估分析，得到沿线企业功能整体较好，仅少数指标处于低级水平，需重点关注并提出企业升级转型建议。综合评估发现当前企业发展缓慢，主要体现在创新活力不足、产业转型升级动力不足、绿色能源使用量低、配套服务设施不足等问题。从创新活力指标体检得出，部分企业创新活力不足，整体创新环境表现弱，缺乏技术创新、智能化设备改造、创新研发部门、研发投入等，导致市场竞争力弱；从配套服务指标体检得出，片区内生产性服务设施与生活性服务设施配套明显不足，难以适应新时期产业多元复合发展需求，难以满足企业创新发展需求，无法支撑企业可持续发展；从低碳生态指标体检得出，较少企业在生产制造过程中使用绿色能源，存在对低碳运营认识不足、设备陈旧、生产工艺落后等问题。

通过对五项体检指标评估后，有针对性地提出土地使用效率提升、风貌形象优化、开发强度提升、交通优化及配套服务提升建议，并借鉴上海、广州、武汉等地实施的企业、产业园更新改造政策办法，因地制宜地提出苏虹路沿线企业更新改造政策性建议。最后基于成片开发原则，以体检评估后建议更新的地块为基准，扩大开发区域，提出远景地块更新建议。

对苏虹路沿线企业功能体检的研究还处于初步探索阶段，未来将进一步深入对城市体检的研究与实践，探索精细化的城市体检工作，使将来的城市体检能够更科学精准地反映城市、片区运行状态及潜在问题，推动后续城市更新工作的有效进行，共同为城市人居环境高质量发展而努力。

2.3.2 数字城市

2.3.2.1 背景与概念

1. 发展背景

2018—2020 年，我国以雄安为样本探索数字城市建设，住房和城乡建设部牵头城市信息模型（CIM）平台建设，国务院、国家发展改革委、住房和城乡建设部发布了一系列政策文件。2018 年，《河北雄安新区规划纲要》中提出"数字城市与现实城市同步规划、同步建设，适度超前布局智能基础设施，打造全球领先的数字城市"；2019 年，《产业结构调整指导目录》提及"城市信息模型（CIM）相关性技术开发与应用设为鼓励性产业"；2020 年，《关于开展城市信息模型（CIM）基础平台建设的指导意见》《关于加快推进新型城市基础设施建设的指导意见》提出"CIM 平台＋规划建设管理""国家、省、城市三级 CIM 平台体系架构"等数字城市相关内容。

2020—2022 年，我国"十四五"规划提出在全国各级城市全面推进数字孪生城市建设，引发政策高峰期。中央网络安全和信息化委员会印发的《"十四五"国家信息化规划》提及"推进城市数据资源体系和数据大脑建设，完善城市信息模型平台，探索建设数字孪生城市"；自然资源部印发的《实景三维中国建设技术大纲》明确了数字城市建设任务和建设路线；国务院印发的《"十四五"数字经济发展规划》总体规划中提及"完善城市信息模型，地方建设因地制宜"。各地方在国家政策基础上，结合自身发展规划，发布了一系列相关地方政策。行业政策也纷纷出台，促进技术与行业应用深度融合，出现了一系列"数字＋"应用场景，如"数字孪生＋城市地下基础设施""数字孪生＋交通""数字孪生＋水利""数字孪生＋应急"等[12]。

2. 概念内涵

数字城市是基于数字孪生技术的集成应用，数字孪生的概念发源并广泛应用于工业领域。随着数字技术的完善和行业间的相互渗透，数字孪生技术的应用对象从相对微观的工业制造向宏观的复杂城市空间拓展[13]。

综合各类研究实践，数字城市的概念可以理解为是一个系统的城市数字化过程，它以计算机、多媒体和大规模存储技术为基础，以网络为纽带，运用遥感、全球定位系统、地理信息系统（GIS）、工程测量、虚拟现实等技术，对城市全要素进行数字化、虚拟化、实时化和可视化，实现物理城市与数字城市协同交互和平行运转、城市管理协同化和智能化。数字城市通过构建虚拟空间平台，将城市环境、基础设施、自然、经济、社会、教育、人文、医疗、旅游等有关城市动、静态数据信息以数字化方式加载，实现在可视化底座上对城市时空大数据进行整合、共享，并对现实世界进行持续监测、诊断、回溯、预测和决策控制，应用于城市全生命周期的规划建设、管理优化等，以提高城市运行效率，提升市民居住体验，提升政府管理和服务水平，促进城市可持续发展。它提供了一种全要素、全天候、全生命周期、实时感知监测的数据获取与管理平台，实现了利用算法进行推演预测,最终实现科学决策、反向交互控制,完成了一条"虚实互动"的系统闭环,为城市运营管理提供了抓手,是新型智慧城市建设的组成部分和重要解决方案[14]。

2.3.2.2 理论与实践

1. 数字城市的技术体系与实现

数字城市具有跨技术、跨学科的典型特征,是结合了大数据、5G、物联网、GIS、AI等多项前沿技术的"综合技术"。数字城市具体包括了城市物理空间的数字化,政府管理决策的数字化,企业管理决策与服务的数字化,市民生活应用的数字化四个数字化进程。其核心技术是数字孪生;核心支撑是城市信息模型和数据;核心应用是智慧空间治理。重点主要聚焦在数据管理、城市信息模型和仿真分析三个环节(图2-4)。

图 2-4 数字城市的技术堆栈

(来源:艾瑞咨询,2023年中国数字孪生城市行业研究报告)

数字城市通过对物理世界的空间孪生、数据集成以及模拟推演等,实现对物理世界的连续监测和可视化展现,进行智能化决策和控制。同时,通过算法进行模拟推演,评估城市多种规划方案可行性,提高规划决策科学性;还可对既有城市环境进行风险预测,降低风险伤害(图2-5)。

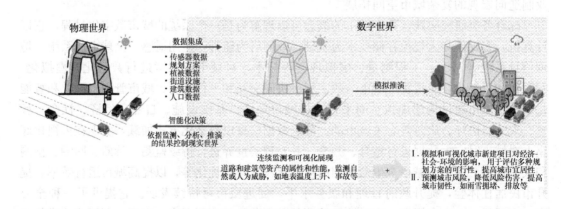

图 2-5 数字城市的运行机制示例

1）数据管理

数字产业化发展的关键是时空大数据的有效获取和管理，这对数字城市的价值释放至关重要，时空数据是城市重要的"资产"，是数字城市的"血液"。

物联网平台设备接入——广泛布设的传感器设备和全面连接的智能化设备是数字城市建设的基础，也是数字城市"血液"的来源。面对多源异构通信协议，通过国家、行业层面出台相关标准，在设备更新中实现物联网通信协议的统一，解决网关接入设备类型受限，设备接口不标准、被占用、无法新增等难题是打通"造血"机制的关键。

城市是自然和社会深度耦合的系统，包含了自然资源和人造环境，这些要素不断产生着动、静态时空大数据。从"脏数据"经清洗、加工、标签化，转换为专题数据以供上层系统分析调用。同时，海量、多维、实时、结构化、非结构化的时空大数据也将为数字产业化提供数据基础（图 2-6）。

	时空基础数据	资源调查数据	规划管理数据	工程建设项目数据	公共专题数据	物联感知数据
数据内容	- 行政区 - 测绘遥感数据 - 三维模型	- 国土调查 - 地质调查 - 耕地资源 - 水资源 - 房屋建筑普查 - 市政设施普查	- 重要控制线 - 国土空间规划 - 专项规划 - 已有相关规划	- 立项用地规划许可数据 - 建筑工程规划许可数据 - 施工许可数据 - 竣工验收数据	- 社会数据 - 法人数据 - 人口数据 - 兴趣点数据 - 地址数据 - 宏观经济数据	- 建筑检测数据 - 市政设施检测数据 - 气象监测数据 - 交通监测数据 - 生态环境监测数据 - 城市安防数据
数据类型	矢量/栅格/影像/信息模型	矢量/文档	矢量/信息模型	矢量/结构化数据/文档/信息模型	矢量/结构化数据/非结构化数据	非结构化数据
更新频次	1-6个月，不超过一年	实时调用，无更新频次概念				根据数据采集频率实时自动更新，毫秒~小时
静态动态	静态					动态
宏观微观	宏观		中观			微观
数据来源	测绘采集	相关业务系统数据一般直接接入、实时查询调用，用于训练的数据需拷贝至本地				端侧设备采集接入

图 2-6　数字城市时空数据的构成与特点

2）城市信息模型

数字孪生城市信息模型由三维模型和语义模型共同构成。三维模型是可视化几何建模，服务于人眼，是数字城市的空间底座；语义模型服务于机器学习和算法训练，是建模的根本目的。空间几何建模是对物理世界三维外观的数字表达，服务于人机交互，注重模型的还原度和准确性。语义模型是服务于计算机对物理世界的理解，提炼信息、总结规律、构建时空知识图谱，满足计算机算法开发和信息检索。几何建模在测绘和设计等领域有长期的技术和实践积累，重点在于高精度模型的制作成本控制；语义建模是数字孪生更核心、更深层次的应用基础，尚在行业探索阶段。

3）仿真分析

"规划失误是最大的浪费"，以往城市治理理论或方案多受限于客观物理条件，试错成本高，数字城市提供了一种低成本试错方式，通过时空大数据、条件参数的输入和仿真计算，可以获取最优解。我国数字城市现处于由"局部、单个系统的运维与操控"向"通过仿真算法预测"跃升的关键阶段，但城市多数治理领域算法模型相对缺乏，尚处于起步阶段，主要为单一、孤立的应用场景，数字城市价值挖掘和未来发展还有很大空间。

现阶段，城市形象的真实呈现和局部系统的交互控制具有现实意义，但长远来看，仿真算法的普及是数字城市价值释放的关键，只有依赖智能算法，才能从"数字"跃迁为"智慧"（图 2-7）。

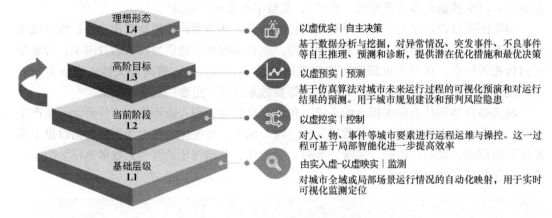

理想形态 L4　以虚优实｜自主决策
基于数据分析与挖掘，对异常情况、突发事件、不良事件等自主推理、预测和诊断，提供潜在优化措施和最优决策

高阶目标 L3　以虚预实｜预测
基于仿真算法对城市未来运行过程的可视化预演和对运行结果的预测。用于城市规划建设和预判风险隐患

当前阶段 L2　以虚控实｜控制
对人、物、事件等城市要素进行远程运维与操控。这一过程可基于局部智能化进一步提高效率

基础层级 L1　由实入虚-以虚映实｜监测
对城市全域或局部场景运行情况的自动化映射，用于实时可视化监测定位

图 2-7　数字城市的成熟度模型

2. 数字城市的建设进展

1）城市数字化

住房和城乡建设部牵头的城市信息模型（CIM）平台建设是数字城市的建设重点，基于平台的行业应用将加速规模扩张。目前大部分省份已开始试点城市市级 CIM 平台建设，目前 CIM 平台多以区域级试点形式、基础平台建设为主，广东、江苏等省份已建立打样标杆，同步推进场景化应用。广州于 2021 年 6 月完成全国首个 CIM 基础平台的验收，项目历时约 20 个月，2022 年发布了白皮书，为其他城市的数字化建设提供经验。北京、山东、江苏、浙江、福建等地也纷纷完成试点建设，南京、青岛、杭州等 CIM 平台也逐步落地。

目前，数字城市主要建设内容和应用场景包括 CIM 平台的基础建设和交通、地下空间、环保水务、安防应急等 G 端市场应用，以及部分产业园区、住宅小区等 B 端市场应用。

2）数字产业化

21 世纪初至今，世界经济的快速发展，得益于 IT 产业的硬软件发展，而今后国民经济的重要增长点，将有赖于"数字服务"，实现数字产业化。

随着数字城市建设逐步推进，其必要性和初步价值已得到验证，但目前整体发展面临着两方面显著问题。一方面，建设资金过于依赖政府预算采购，根据中国信通院的数字孪生城市白皮书中对数字孪生城市申报案例建设资金来源统计，现阶段政府采购在建设资金来源中占绝对主导，数字城市建设目前的商业模式过于依赖政府财政。从长远来看，数字城市建设亟须寻求新的商业模式，引入社会资本共建共赢。另一方面，当前的数字城市建设的应用场景多聚焦于服务城市运营治理，数据封闭，直接面向用户的应用和服务极少，数字城市建设在市民层面尚未体现"存在感"，长远看，面向市民的应用应放在数字城市建设规划的重要位置。以应用为导向，引导企业、市民广泛应用"数字城市"的"数字资产"可以产生巨大的社会经济效益，促进国民经济的快速发展，将偏向治理端的社会价值转化为偏向实际应用的经济效益。数字城市建设应充分调研、分析大众在城市生活中的需求，创新应用，提升市民生活体验，适度开放政府数据、探索新商业模式，鼓励、培养市民用户群体，实现 G、B 端应用和 C 端应用协同发展，实现数据的服务价值并产业化，是实现数字城市的规模化、可持续化发展的重要路径。可探索的方向有辅助驾驶、路况查询、城市应急、灾害的预警、信息同步、救援与位置同步、出游方案规划及 AR 导航等。

3. 数字城市实践

2022 年，编者所任职集团积极响应"十四五"规划提出在全国各级城市全面推进数字孪生城市建设的号召及《"十四五"数字经济发展规划》总体规划中有关数字城市发展的相关建议，立足集团既有业务板块，成立数字科技事业部，为一体化规划设计创新与实践赋能，探索数字技术在数字城市和一体化规划设计中的应用。基于数字城市相关产业研究，进行了一系列技术探索。从宏观城市片区到微观单体物件，致力于通过低成本、高效率、高质量的方式实现空间孪生和信息模型的建立；同时，通过挖掘政企、大众数字化应用场景需求，利用多样化的终端窗口，逐步建立创新数字化产品研发能力。

1）信息模型的建立

2022 年是苏州获批历史文化名城 40 周年，数字科技方面探索了数字技术在古城保护中的创新与应用，进行了古城数字化保护与更新方法的研究，建立了以历史绘本图像和文献等资料为依据的古城数字孪生方法。一方面，通过对苏州古城城市格局和景观风貌绘本等历史文献多维度的研究，确定苏州古城矢量化图底及重要公共空间、建筑布局，建立基于绘本图像和文献的古城图底制作方法。另一方面，在矢量化图底基础上，完成了建模标准的编制，确保标准统一、高还原、高精度的效果呈现，为基于史实的某一特定时期的空间数字孪生和历史文化信息的挖掘、保护与应用提供了新思路。

在既有空间环境的数字孪生方面，打通了基于空地一体、多数据融合的扫描建模技术。实现了对既有环境的半自动化高质量数字孪生。在研究案例的数字孪生中，运用了无人机航拍、贴近摄影、架站式激光扫描、手持式激光扫描等数据获取方式，进行多数据融合的模型计算与生成，获取了厘米级精度的几何模型和高还原度的模型贴图，为既有空间环境的高效高质孪生提供了新方法。

2）管理后台的建设

在可视化几何数字模型基础上，利用基于渲染引擎的可视化表现与交互技术，以 PC、VR、AR 等多样化的终端为入口，结合启迪设计集团新大楼智慧运维管理平台系统集成工程实践，利用运维平台打通了三维场景与楼宇设备的物联和信息通信，实现了虚拟与现实的交互，探索了面向运维管理和沉浸式体验的交互应用。

除此以外，节能管理信息平台、城市体检数据管理平台、数字展示平台等基于各类运维、管理等应用需求的数字化平台从多个角度丰富了数字技术在数字城市各个垂直领域的应用生态。

3）独立产品的研发

基于数字城市行业研究和多样化的数字技术探索，一体化规划方面将进一步探索数字技术和产品在一体化规划设计创新与实践中的应用，结合企业全过程的投融资、咨询、规划、设计、建造、运维等多元化全产业链，深入布局数字技术在数字城市各阶段的应用，提供全栈式数字城市解决方案。

2.3.3 安全城市

2.3.3.1 背景及问题

随着新型城镇化、新型工业化速度加快，我国城市规模越来越大，流动人口多、高层建筑密集、经济产业集聚等特征日渐明显，城市已成为一个复杂的社会机体和巨大的运行系统，城市安全新兴风险、传统产业风险、区域风险等积聚滋生、复杂多变、易发多发。一些城市相继发生重特大生产安全事故（灾害），造成群死群伤的情况屡屡发生，暴露出当前我国部分城市安全风险底数仍然不清、安全风险辨识水平不高、安全管理手段落后、风险化解能力有限等突出问题。

党中央、国务院高度重视城市安全工作，中共中央办公厅、国务院办公厅专门印发《关于推进城市安全发展的意见》，从加强城市安全源头预防、健全城市安全防控机制、提升城市安全监管效能、强化城市安全保障能力等方面提出明确要求。建设城市安全风险综合监测预警平台，先从人口最集中、风险最突出、管理最复杂的城市抓起，对城市安全最突出的风险实时监测预警并及时处置，对于保障人民群众的生命财产安全，具有十分重要的意义。

围绕贯彻落实城市安全的要求，安全城市从城市整体安全运行出发，以预防燃气爆炸、桥梁倒塌、城市内涝、路面塌陷、大面积停水停电等重大安全事故为目标，以安全科技为核心，以物联网、云计算、大数据等信息为支撑，透彻感知城市运行状况、市政设施风险及耦合关系，实现对城市市政设施的风险识别、透彻感知、分析研判、辅助决策，使城市的市政设施管理"从看不见向看得见、从事后调查处置向事前事中预警、从被动向主动防控"的根本转变。

在风险评估的基础上展开城市市政设施安全工程建设，建设内容包括：城市市政设施安全工程数据库、监测感知网、应用软件系统、基础支撑系统和城市市政设施安全运行监测中心。

2.3.3.2 市政设施风险评估

1. 工作任务

1）建立健全各领域安全风险监管责任制、监督管理制度和技术标准、完善城市各类设施安全管理办法。

2）加强对重要和薄弱环节进行防控和治理。

3）建立全系统安全责任体系，加强安全评估和管控，开展安全监管执法行动。

4）建立应急救援体系，加强对应急救援队伍的建设和演练。

5）建立健全与市政府在信息传递、预警响应、应急处置、社会面控制、紧急疏散和善后恢复等重大安全风险的联防联控机制。

2. 评估对象

1）城市排水、污水处理设施：排水专用管道（沟）、检查井、泄水井、泵站、污水处理厂等。

2）城市照明设施：道路、桥梁、隧道、地下通道、广场、街巷及公共场地的路灯灯具及配套变压器、配电间、输配电线路、地下电缆等。

3）城市供水设施：供水管网及附属设施、供水厂、泵站、供水企业管理的二次供水设施、消火栓及消防水应急备用水源等。

4）城市燃气设施：储配站、门站、加气站、灌装站、调压站和燃气管网等。

5）城市供热设施：热源厂（不含热源趸售企业）、燃料储备设施、换热站、供热管网等。

6）地下综合管廊（管沟）：地下综合管廊（管沟）廊体、入廊管线设施及管理服务设施等。

7）城市环卫设施：公共厕所、垃圾中转站、垃圾运输车辆及清洗场（站）、垃圾无害化处理场、渣土受纳场等。

8）城市园林设施：综合性公园、动物园、植物园等园林绿地内大型游乐设施、游览观光车辆及游船、桥梁、观景楼阁、瞭望塔、园林水域安全防护设施等。

3. 评估过程

市政设施风险管理以保障本市（区）设施运行安全为目标，依照现行管理体制，坚持行业主管部门组织督促、企业具体实施、市政市容部门综合协调的工作原则。按照风险管理的责任主体，将设施运行风险进行分级管控，市政设施运行风险管理工作流程安全风险评估工作由计划和准备、风险辨识、风险分析、确定风险等级等环节组成，其执行流程如图 2-8 所示。

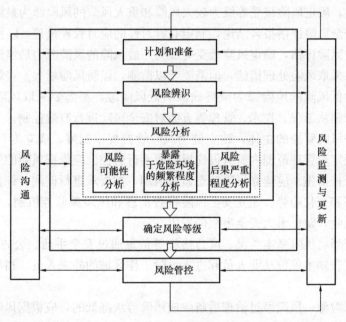

图 2-8　市政设施风险管理执行流程

风险辨识可由养护单位、管理单位或者有经验的专业第三方服务机构开展。风险辨识是风险评估的基础，包括三个步骤：工程资料的收集整理、风险源的整理收集，运行期间可能发生的安全事故辨识，风险分类汇总、分类过程。

安全风险评估方法可采用定性、半定量、定量方法中的一种或几种方法的组合。定性方法包括检查表法、类比法、现场调查法、德尔菲法、经验分析法等；半定量方法包括LEC法、风险矩阵法、层次分析法、事件树、故障树、历史演变法等；定量方法包括概率法、指数法、模糊综合评价法、计算机模拟分析法等。出具安全风险清单，具体详见表 2-2。

安全风险清单（示例）   表 2-2

序号	风险点名称（场所/设施/部位）	风险源基本特征	风险因素	可能发生的事故类型	风险度				风险接受等级	应补充的风险管控措施	责任单位（部门、车间、班组）	责任人	备注
					L	E	C	D					
1	路面塌陷	道路出现严重塌陷；道路出现异常沉陷、空洞；道路出现严重积水、结冰	非正常地下水、地下（含水下）作业环境不良、植物伤害、外形缺陷、负荷超限	坍塌、触电、淹溺、透水	1	10	15	150	一般风险	增加检测频率和巡查力度	××局、××处	张三	

4. 风险管控

经风险评估，确定风险接受等级为较大风险和重大风险的风险源为最终确认的重大风险源，应根据安全风险评估报告结论，制定有针对性的应对管控措施，以预防、降低或消除安全隐患。经风险评估，确定风险接受等级为一般风险的风险源为最终确认的一般风险源，一般不需要采取风险处理措施，但需要予以监测，以防风险增大。经风险评估，确定风险接受等级为低风险的风险源为最终确认的低风险源，不需要采取风险处理措施和监测。风险管控措施从工程、技术、管理等方面对安全风险进行有效控制。

管理单位是风险管控的主体，建立健全风险管控规章制度，成立专门的风险管控小组，按照相关规定对管理范围内所有设施风险源实行管控。应依据风险的等级、性质等因素，科学制定管控措施。应建立风险动态监控机制，按要求进行监测、评估、预警，及时掌握风险的状态和变化趋势。建立安全风险排查治理和风险源监控机制，强化动态管理，及时消除安全风险，防止重大安全事故的发生。

管理单位应当将风险基本情况、应急措施等信息通过安全手册、公告提醒、标识牌、讲解宣传等方式告知本单位从业人员和进入风险工作区域的外来人员，指导、督促做好安全防控。

对于重大风险源，风险经过治理后解除或风险等级降低的，应根据风险等级组织相关人员进行验收，实现闭环管理。

2.3.4 低碳城市

2.3.4.1 低碳城市建设背景

全球气候变化危机是人类至今面临的最为严重的生态环境问题，自从 1979 年第一次世界气候大会首次提上议事日程，气候变化受到全世界社会各界的广泛关注。从 1992 年的《联合国气候变化框架公约》，到 1997 年的《京都议定书》，再到 2015 年的《巴黎协定》，温室气体排放的控制目标、时间表、路线图逐步明确。我国也在 2020 年宣布了

2030 碳达峰、2060 碳中和的目标，并作为重大国家战略全面推进。

欧盟委员会联合研究中心（JRC）、国际能源署（IEA）和荷兰环境评估机构（PBL）联合发布的研究报告指出，2021 年全球碳排放量达到 379 亿 t，其中我国碳排放量为 124.66 亿 t，达到全球碳排放总量的 32.89％。

碳排放在很大程度上受到人类活动的影响，据统计，城市碳排放量在全国碳排放总量中占比达到 85％。因而，低碳城市规划可以引导城市的建设模式和人的生活方式的改变，进而促进整个社会的碳减排。早在 2008 年我国就提出了"低碳城市"的概念，并将上海和保定作为试点城市进行建设。国家发展改革委于 2010 年、2012 年和 2017 年开展了三批国家低碳城市试点工作，涉及 6 个省共计 81 个城市。

2.3.4.2　低碳城市建设技术路径

2021 年我国碳排放构成如图 2-9 所示，电力和供热是我国碳排放的最主要来源。我国的能源结构仍以煤炭为主，根据国家统计局 2019 年公布的统计数据，我国能源消费中煤炭占比 68.8％，水电、核能和天然气各占比 12.3％、5.6％ 和 9.2％，石油占比 3.6％，可再生能源占比仅为 0.5％[15]。碳排放问题归根结底是能源问题，实现碳达峰碳中和目标，根本上需要依靠我国能源结构的调整和人们用能方式的改变。

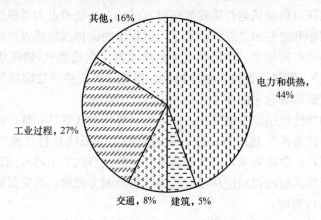

图 2-9　2021 年我国碳排放构成

1. 可再生能源大规模应用

能源消费结构中清洁能源的使用比例是表征其优化程度的重要指标，我国《"十四五"现代能源体系规划》指出，坚持生态优先、绿色发展，壮大清洁能源产业，实施可再生能源替代行动，推动构建新型电力系统，促进新能源占比逐渐提高，推动煤炭和新能源优化组合。郭偲悦等人的研究表明，在当前的技术经济条件下，可再生能源可以承担我国 50％ 的碳减排指标[16]。

根据清华大学的研究成果，未来我国零碳电力系统的构成中风电和光电将发挥着巨大的作用。风电、光电总装机容量将达到 60 亿 kW，预计每年总发电量可达到 8 万亿 kWh。其中可利用屋顶和城市空地的装机容量将达到 45 亿 kW，占可再生能源装机容量的比例达到 75％[17]。

因此发展低碳城市必须重视风电、太阳能等可再生能源技术在城市中的应用。尤其是在风力和太阳能资源丰富，以及能耗强度大的城市中，需要重点关注可再生能源与建筑一体化设计，实现可再生能源的就地消纳，避免长距离运输损耗和对电网稳定性的冲击。

目前城市里推广可再生能源应用以光伏发电为主，使用场景主要包括公共机构、大型公共建筑、工业厂房、学校等屋面资源丰富、消纳情况比较好的建筑。除了目前应用最为广泛的晶硅光伏组件，碲化镉、钙钛矿等新兴光伏材料的出现为建筑光伏一体化设计提供了更多的可能，能够满足不同使用场景和使用需求。

2. 终端用能电气化

2020年，我国终端能源消费约35亿t标准煤，工业、建筑、交通和其他部门用能占比分别为61%、22%、14%和3%。终端化石能源燃烧的碳排放比例达到50%以上，随着我国能源结构转型和碳达峰碳中和国家战略的逐步落实，需要进一步提高终端用电电气化的比例，实现电能终端消费比例达到70%以上[18]。

工业领域：目前整个工业领域的电气化率不足30%，我国工业能源消费仍以化石能源为主。工业领域减排以钢铁、水泥和化工等高排放行业为重点，这也是当前实现电气化目标的重要行业。工业电气化的实现，重点是推广工业电炉、高温蒸汽热泵等电能装备，同时提升能源使用效率，以降低整个工业领域的碳排放水平。

建筑领域：我国目前建筑运行碳排放超过20亿t/a，随着电力系统逐步零碳化，建筑电气化成为建筑碳中和的必由之路。建筑运行过程中的碳排放包括直接碳排放和间接碳排放，其中直接碳排放包括炊事、户用燃气生活热水器、户式燃气/燃煤供暖、燃气驱动的蒸汽锅炉/热水锅炉、燃气型吸收式制冷机组。据统计，这些直接碳排放总量为6亿t左右，约占建筑运行碳排放总量的30%[17]。

建筑电气化的措施包括炊事电气化，用电炊具替代燃气炊具；推广电动热泵型热水器和直热型热水器，代替燃气热水器；分户采用户用空气源热泵替代燃气壁挂炉/燃煤炉；对于公共建筑的蒸汽、热水需求，空气源热泵、电热式蒸汽发生器可满足绝大多数建筑使用需求；燃气型吸收式制冷机组应尽早改造为电驱动制冷机组，在降低碳排放的同时，能够大幅降低系统运行费用。

交通领域：随着社会经济的发展和人们对出行品质的需求不断提高，近年来交通运输行业碳排放增长速度不断加快，已成为我国碳排放增长最快的领域之一。交通领域的碳排放以公路运输为主，公路运输的碳排放以重型货车和乘用车为主[19]。由于重型货车缺乏成熟的清洁能源替代方案，目前交通领域电气化仍以乘用车为主要对象。

《新能源汽车产业发展规划（2021—2035年）》指出：2035年，我国新销售车辆将以纯电动汽车为主，公共领域用车实现全面电动化。为了满足电动汽车的使用需求，应科学布局充换电基础设施，加强与城乡建设规划、电网规划及物业管理、城市停车等的统筹协调。依托"互联网＋"智慧能源，提升智能化水平，建设居民区充电设施，加快形成高速公路和城乡公共充电网络。为了进一步降低用电成本，提高电网安全性，可结合虚拟电厂的推广，开展V2G充电桩的应用，充分运用市场调节机制，统筹调度新能源汽车充放电、分布式光伏、分布式储能等电力设施。

3. 虚拟电厂

随着我国能源结构转型推进，可再生能源的占比大幅上升，将会对电网造成巨大的压力，一方面是由于作为电力供给端的分布式可再生能源发电本身存在间歇性、波动性和地域性等特点，发电的间歇性和波动性使得电力系统需要频繁地对可调发电机组进行调节或启停，以平复新能源电力并网带来的电网电力波动，保障电网的安全稳定运行。另一方面是作为电力消费端的用户用电负荷种类日益增多、随机性日益增强，且对供电电能质量有着越来越高的要求，这使得传统电力系统的运行调节方式难以实现分布式新能源发电和用户用电负荷的有效匹配。

面对光伏发电和风力发电等不稳定可再生能源占比不断提高的能源结构，随着物联网、通信等技术的进步，虚拟电厂的调节机制可以充分调动分布式电站和用能终端的灵活性，最大程度挖掘太阳能和风能等可再生能源的潜力，尽量降低弃风弃光的比例。虚拟电厂的建设，不仅可以提高电力系统的保障率，还可以降低甚至避免火力发电厂建设投资和既有电网改造的建设成本。用能终端需求侧响应的实现，将其纳入了电网供应调节系统，代替传统火力发电厂，实现了电力系统稳定运行的目标，也给终端用户带来了显著的经济收益。

通过虚拟电厂建设搭建的数字能源管理平台，在实现能源统筹管理的同时，还可以对纳入虚拟电厂管理的终端用户进行碳排放实时监测，从而实现对城市用能终端的碳减排定量管理。进而，可借助政策工具的推动和梯级能源价格的激励机制，通过碳减排分期考核机制，实现全社会碳达峰碳中和目标。

2.3.4.3 低碳城市实践

低碳城市的建设涉及建筑、工业、交通、电力等多个行业，实现低碳城市建设最核心的是数据互通。各个行业受不同主管部门管辖，在传统的建设模式下，很难打破行业之间的数据壁垒。以最小尺度的园区建设为例，建筑、机电、智能化各个专业各自为政，设计、施工、运维各个环节独立实施，使得低碳城市的建设效果大打折扣。

低碳城市建设应立足当地产业基础，围绕落实我国 2030 年碳达峰与 2060 年碳中和目标，通过建设模式和管理模式创新，实现绿色低碳城市的投融资、咨询、规划、设计、建造、运维等多元化全产业链一体化建设。

面向新建建筑/园区和既有建筑/园区，遵循"被动优先、主动优化"的原则，开展零碳项目试点建设，充分考虑区域周边能源供应条件、可再生能源资源情况、建筑能源需求，开展区域建筑能源系统规划、设计、建设和运维，实现能量梯级利用，建立以储能、建筑电力需求响应等新技术为载体的电力需求响应机制，推进源-网-荷-储-用协同运行。

积极推广能源托管、节能效益分享等多种合同能源管理模式，实施新建建筑/园区低碳策划和既有建筑/园区低碳化改造，通过节能咨询、诊断、设计、融资、改造、托管等一体化建设模式，优化建筑用能结构，推动建筑碳排放尽早达峰，为实现我国碳达峰碳中和做出积极贡献。

2.3.5 AI赋能规划设计

2.3.5.1 背景与概念

1. AI 的发展历程及其与规划设计的关系

人工智能（Artificial Intelligence, AI）是指由计算机系统或机器执行的智能行为。人工智能的研究领域包括知识表示、推理、学习、规划、自然语言处理、计算机视觉等，其目标是使计算机系统或机器能够模拟或超越人类的智能水平，实现对复杂问题的理解和解决。

人工智能与规划设计有着密切的联系。早在 20 世纪 50 年代，人工智能的先驱们就提出了"将科学家和设计师视为问题求解者"的观点，并将人工智能应用于设计领域。随着计算机技术和数据科学的发展，人工智能在规划设计领域也取得了重大进展。例如，基于遗传算法和神经网络的优化方法可以帮助规划设计师寻找最优或次优的解决方案；基于深度学习和自然语言处理的文本生成方法可以帮助规划设计师从海量数据中筛选和总结重要信息、撰写规划报告和说明；基于计算机视觉和图像生成方法可以帮助规划设计师生成高质量的效果图和动画。

2. AIGC 发展概况及趋势

人工智能与生成计算（Generative Computation）结合，形成了一个新兴的研究方向。AIGC（AI-Generated Content，人工智能生成内容）是指利用人工智能技术，根据用户的需求或指定的条件，自动或协同地生成各种形式的内容，如文字、图片、音频、视频等。AIGC 是相对于过去的 PGC（Professional Generated Content，专业生成内容）、UGC（User Generated Content，用户生成内容）、AIUGC（AI-User Generated Content，AI-用户生成内容）而提出的新概念，是利用计算机系统或机器自动生成复杂结构或形式的过程。生成计算可以分为两类：一类是基于规则或参数的生成计算；另一类是基于数据或模型的生成计算，如机器学习、深度学习、神经网络等。生成计算可以帮助规划设计师探索更多的可能性，创造更多的创新性和多样性。

2022 年是 AIGC 领域的元年，从引爆 AI 作画领域的 DALL-E 2、Stable Diffusion 等AI 模型，到以 ChatGPT 为代表的接近人类水平的对话机器人，其强大的内容生成能力给行业带来了巨大的震撼，AIGC 代表着 AI 技术从感知、理解世界到生成、创造世界的跃迁，正推动人工智能迎来下一个时代，设计领域也逐渐认识到 AIGC 的底层技术和产业生态正在重塑新的行业格局。

经过了 2022 年的预热，2023 年 AIGC 领域正在迎来更大发展，规划方面积极拥抱AIGC，结合规划设计行业的实际需求和场景，不断探讨 AIGC 在规划设计中的应用价值和前景，并利用 AI 工具进行了丰富的应用实践。

2.3.5.2　研究与实践

AI 技术在规划设计领域有着广阔的应用前景。首先，AI 技术可以提高规划设计师的创作效率和质量，通过使用 AI 技术，规划设计师可以根据自己的需求和偏好来生成各种类型和风格的文本内容，如方案说明、设计理念、项目介绍等，从而节省时间和精力，提高工作效率。其次，AI 技术可以拓展规划设计师的创作空间和视野，通过使用 AI 技术，规划设计师可以获取更多的灵感和参考，如利用文字生成图片类工具来辅助设计师进行快速的视觉化表达和灵感获取。同时，AI 技术可以促进规划设计师更方便地进行跨领域的知识获取，与其他领域的专家和用户进行更有效和便捷的沟通和协作，如利用智能搜索引擎来获取相关信息和数据，或者利用大语言模型来进行自然语言对话。

1. 与规划相关的主流 AI 工具的研究

1）大语言模型

大语言模型是指利用深度学习技术训练出的能够理解和生成自然语言的模型。大语言模型可以根据用户输入的文本或关键词，生成相关的文本内容，如文章、摘要、标题、对话等。大语言模型在规划设计中的应用场景包括：

规划资料处理：利用大语言模型，可以将海量的前期资料输入给模型，进行高效率的总结、分析和再输出，高效提炼、总结有效信息，快速掌握项目相关背景情况。

规划文本生成：利用大语言模型，可以根据规划主题、目标、背景等信息，自动生成规划报告、方案说明、评估报告等文本内容，提高规划文本撰写的效率和质量。

规划知识获取：利用大语言模型，可以根据设计师输入的问题或关键词，从海量的规划文献、数据、案例中检索和提取相关的知识，帮助用户获取所需的规划信息和参考的直接结果。

规划方案评价：利用大语言模型，可以根据用户输入的规划方案和评价指标，生成针对方案优缺点、改进建议、风险预警等方面的评价文本，帮助设计师优化和完善规划方案。

目前，规划方面已经将基于大语言模型的 AI 工具运用于项目生产，这些工具可以根据用户输入的规划主题或问题，生成相应的规划文本或对话，为设计师提供知识获取、灵感启发和文字处理。

2）智能搜索引擎

智能搜索引擎是指利用人工智能技术对搜索结果进行排序、过滤、聚合、推荐等操作的搜索引擎。智能搜索引擎可以根据用户输入的查询词或语句，返回最相关、最准确、最全面的搜索结果，如网页、图片、视频、地图等。智能搜索引擎在规划设计中的应用场景包括：

规划数据获取：利用智能搜索引擎，可以根据用户输入的地区、时间、主题等条件，从海量的规划数据源中检索和获取所需的规划数据，如人口、交通、环境、经济等数据。

规划案例获取：利用智能搜索引擎，可以根据用户输入的类型、风格、功能等条件，从海量的规划案例库中检索和获取所需的规划案例，如城市设计、景观设计、建筑设计等案例。利用智能搜索引擎，可以根据用户输入的关键词或语句，从海量的规划视觉资源中检索和获取所需的规划视觉，如规划图纸、效果图、模型图等。

目前，规划方面已经将一些基于智能搜索引擎的规划工具运用于实际项目生产。这些工具可以根据用户输入的查询词或语句，返回最相关、最准确、最全面的规划搜索结果，为设计师提供数据和参考，节省大量的信息筛选时间。

3）文字生成图片类工具

文字生成图片是一种利用人工智能技术，根据文字描述生成相应的图片的方法。这种方法可以用于创造 AI 艺术，或者为规划设计提供更多的灵感和参考。文字生成图片的工具是一种基于自回归模型的图像合成方法，可以从随机噪声开始，逐步生成清晰的图像。可以根据设计师输入的文本提示，生成不同风格和主题的图像，甚至可以通过草图、模型体块图，生成与输入内容相匹配的、细节丰富的可控图像。

在规划设计中，文字生成图片可以作为一种辅助工具，帮助设计师快速地将想法转化为视觉效果，或者提供更多的创意和可能性。例如，设计师可以根据规划目标和要求，输入一些关键词或短语，如"生态友好的住宅区"或者"具有特色的商业街"，然后使用文字生成图片工具，生成一些初步的方案草图，作为设计参考或讨论的基础。或者，设计师可以在已有的方案基础上，输入一些修改或优化的建议，如"增加一些绿化元素"或者"调整建筑风格"，然后使用文字生成图片工具，生成一些改进后的方案效果图，作为设计评估或展示的材料。这样可以节省设计师的时间和精力，提高设计效率和质量。

4）遗传算法类工具

遗传算法是一种模拟自然界生物进化过程的优化算法，它可以在搜索空间中寻找最优或近似最优的解，具有并行性、自适应性和全局性等特点。遗传算法在规划设计中的应用场景包括：

城市形态优化：遗传算法可以根据不同的目标函数，如户外热舒适度、能耗、通风等，对城市空间形态进行优化，生成多种可能的方案供决策者选择。如利用遗传算法驱动城市街区设计，揭示干热地区城市形态与户外热舒适度之间的关系，为干热地区的可持续城市设计提供参考。

城市景观设计：遗传算法可以结合三维图像和用户交互，对城市景观元素进行调整和组合，生成满足用户审美需求的景观方案。例如采用交互式遗传算法和 OpenGL 技术，对城市景观中的墙面位置、高度和建筑纹理进行变异和评价，得到期望的城市景观效果。

城市空间分布：遗传算法可以根据城市发展的动态变化和多种影响因素，对城市空间分布进行优化，实现城市功能的均衡和协调。例如运用遗传算法对城市空间分布进行模拟和预测，为城市规划提供科学依据。

城市公园绿色基础设施网络：遗传算法可以结合禁忌搜索算法，对城市公园绿色基础设施网络进行构建，提高城市生态和社会效益。例如利用基于遗传禁忌混合算法的城市公园绿色基础设施网络构建方法，通过优化公园节点、连接线和服务范围等参数，实现了城市公园绿色基础设施网络的高效构建。

2. AI 赋能的实践

1）AI 生态建设思路

2022 年，设计企业也纷纷积极布局数字化转型及 AI 赋能，并提出了完善的 AI 生态系统建设计划，包括以下要素：

数据：数据是 AI 技术的基础，在收集、整理、标注、存储和管理各类与规划设计相关的数据方面提前谋划，包括文本、图像、视频、音频、地理信息等，形成自己的数据资产库。

算法：算法是 AI 技术的核心，根据实际业务需求，选择合适的 AI 算法，包括大语言模型以及文字生成图片类工具等，进行各类垂直领域的模型训练。

平台：平台是 AI 技术的载体，旨在通过搭建一个可靠、高效、易用的 AI 平台，实现数据和算法的集成、管理和调用，提供统一的接口和服务。

人才：人才是 AI 技术的推动者，培养或引进具备 AI 知识和技能的人才，包括算法工程师、平台开发者、设计团队等，形成一个多学科、多层次、多角色的 AI 研发团队。

通过构建 AI 生态系统，正在逐步实现 AI 技术与规划设计业务的深度融合，提升自身的智能化水平和核心竞争力。

2）平台化部署

为方便设计团队快速而高效地使用 AI 工具，设计企业正积极将 AI 工具部署到云端平台，实现以下目标：

便捷性：提供简单而友好的定制化用户界面，让设计团队可以轻松地找到并使用所需的 AI 工具，无需复杂的配置和操作。

灵活性：支持多种类型的 AI 工具，让设计团队可以根据自己的喜好和需求，选择或切换不同的 AI 工具，不受限于单一或固定的方案。

协同性：支持多人协作和共享，让设计师可以与其他设计师或业主进行实时或异步的沟通和交流，共享数据、意见、成果等，无需繁琐的转换和传输。

可扩展性：支持新技术和新功能的接入和更新，让设计师可以随时获取最新最优的 AI 工具，云平台部署方式与 AI 工具快速迭代的特点相匹配，可以对 AI 工具进行敏捷、及时的更新和优化。

3）AI 在规划赋能方面的实践

在规划设计中，AI 工具已经在不同阶段和领域发挥作用。主要实践场景包括：

创意阶段：在创意阶段，规划团队利用 AI 工具进行灵感激发、方案生成、风格探索等。如利用大语言模型处理项目前期搜集信息并提供整体认知，再通过交互形成初步方案思路，甚至提供具体设计建议，或者使用文字生成图片类工具，输入提词和草图，准确、可控地生成效果图片，提供头脑风暴、内部决策和外部交流的思路表达成果。

设计阶段：在设计阶段，规划团队利用 AI 工具进行方案优化、效果预测、评价反馈等。例如使用智能搜索引擎，输入设计要求或条件，搜索并获取与之匹配的优秀方案，作为设计的借鉴，或者使用基于深度学习的模拟工具，输入设计参数，模拟并展示设计方案在不同场景下的运行效果，作为设计的验证。

交付阶段：在交付阶段，规划团队利用 AI 工具进行文档生成、报告撰写、演示制作等。

AI 赋能设计是当今设计领域的一个重要趋势，随着人工智能技术的不断发展，它在规划设计领域的应用也越来越广泛。人工智能在辅助规划设计师进行数据分析和决策、增强规划设计师的创造力和表达力、协助规划设计师进行协作和沟通等方面表现出了巨大潜力，创造了实实在在的价值。

本章参考文献

[1]　多伊奇，周启明 . 国际关系分析[M]. 北京：世界知识出版社，1992：276.
[2]　司昆阳 . 论发达国家间的相互依存与一体化趋势[J]. 世界经济文汇，1988(2)：58-63.
[3]　胡延新 . "一体化"和"重新一体化"：概念的提出及其修正[J]. 东欧中亚研究，1997(2)：23＋27＋26＋24-25＋28.
[4]　李坤艳 . "规划与工程一体化设计"的方法初探——以绿地长岛项目对游艇通航区域的研究为例[J]. 中国名城，2016(7)：60-65.
[5]　于桥，于淼 . 城市规划建设的可持续发展[J]. 城市建设理论研究，2014，(10).
[6]　韩林飞，张梦露 . 哈马碧湖城规划研究[J]. 城乡建设，2019，(10)：72-75.
[7]　徐靓 . 城市规划中的"协同衔接点"——在一体化规划中的探索[C]//中国城市规划学会 . 城市时代 协同规划——2013 中国城市规划年会论文集(12-小城镇与城乡统筹). 青岛：青岛出版社，2013：99-112.
[8]　祁鹿年，梅晶，侯静珠 . 一体化城市规划设计分析及编制要点建议[C]//中国城市规划学会 . 城乡治理与规划改革——2014 中国城市规划年会论文集(04-城市规划新技术应用). 北京：中国建筑工业出版社，2014：384-390.

[9] 赵民，张栩晨．城市体检评估的发展历程与高效运作的若干探讨——基于公共政策过程视角[J]．城市规划，2022，46(8)：65-74.

[10] 张文忠，何炬，谌丽．面向高质量发展的中国城市体检方法体系探讨[J]．地理科学，2021，41(1)：1-12.

[11] 张晓辉，赵娜，王麟涛．城市体检工作方法探索——以河北省迁安市为例[J]．中国名城，2022，36(10)：54-63.

[12] 徐建刚，祁毅，胡宏，等．数字城市规划教程[M]．南京：东南大学出版社，2020.

[13] 李成名，王继周，马照亭．数字城市三维地理空间框架原理与方法[M]．北京：科学出版社，2023.

[14] 张蔚文，张永平．数字城市治理：科技赋能与数据驱动[M]．杭州：浙江大学出版社，2022.

[15] 国家统计局．中国能源统计年鉴2019[M]．北京：中国统计出版社，2019.

[16] 郭偲悦，刘宇，赵伟辰，等．中国碳中和技术发展路径[J]．科学通报(英文版)，2023，68(2)：117-120.

[17] 江亿，胡姗．中国建筑部门实现碳中和的路径[J]．暖通空调，2021，51(5)：1-13.

[18] 谢典，高亚静，刘天阳，等．"双碳"目标下我国再电气化路径及综合影响研究[J]．综合智慧能源，2022，44(3)：1-8.

[19] 李晓易，谭晓雨，吴睿，等．交通运输领域碳达峰、碳中和路径研究[J]．中国工程科学，2021，23(6)：15-21.

第 3 章
一体化规划设计理论下的实践探索

3.1 新城规划与设计

3.1.1 新城建设的背景及问题

新城建设最早起源于二战后发达国家为缓解因城市化而造成的交通拥堵、环境恶化、生活质量下降等问题，兴起的在大城市外围新建城市的运动，并以英国为代表展开了三代新城运动。我国的新城规划与设计划分为三个阶段：第一个阶段自 1978 年改革开放以来，以沿海城市为代表的深圳、厦门、珠海、汕头开始探索在郊区建立经济特区，成为大城市向外发展的主要形式，是我国新城建设的雏形；第二个阶段自 1990 年以来，我国中心城市的功能已趋向于饱和状态，空间结构由同心圆的单中心模式向多级多核的多中心模式转变，因此在大城市的外围郊区衍生了许多新城区，如北京的亦庄、通州，上海的浦东新区、松江新城，苏州工业园区等[1]；第三个阶段自 21 世纪以来，新城新区的批复数量直线上升，类型包括以强化经济发展为核心、功能与定位逐步丰富的国家级新区，经济技术开发区、边境经济合作区、高新技术产业开发区等开发区，产业园区、科教新城、高铁新城、奥体新城等功能型新城，生态城、科学城、智慧城等以新理念为引领的新城。

新城的发展经历了规模从小到大，功能从单一到复杂，规划目的从疏散人口、改善居住环境转变为引导城市结构重组、产业服务分区[2]。当前，我国城市由高速增量发展进入存量时代，盘活低效利用的土地成为主要发展方向，新城建设不仅面临着过去已建成的新城逐渐暴露出来的问题与隐患，同时由于城市收缩的压力，新城也出现了动力不足、不确定性增大等问题。首先，过去的新城建设由于以发展经济为出发点，希望使新城成为增长点来带动区域经济发展，因此在建设过程中忽略了对生态环境的破坏，造成了消极影响；其次，受土地财政影响的大规模基础设施、公共服务设施建设的时代已经落幕[3]，"海绵城市""智慧城市"等功能性更新改造困难，面临大量拆、改、建的问题，同时成本高昂、维护资金较多，在规划设计时亟须考虑项目的可落地性与可持续性，切忌纸上谈兵；此外，从行政管理关系入手，必须妥善处理好新城的具体规划范围与现有园区、乡镇之间的关系，统一规划，避免内容重复或冲突矛盾，从程序条件入手，对新城的规范制定、土地出让、产权登记等程序进行创新，建立高效、合理的规划管理系统，提高现代化水平。

3.1.2 理论运用和技术措施

基于一体化规划设计的理论体系开展新城规划设计，将新城的一体化规划目标解构为多方面的具体维度。新城的"新"主要体现在新空间、新功能、新主体上，是能带动区域经济增长、城市功能提升、特色产业发展的"增量"发展模式[3]。因此，从横向上来看，新城规划应以塑造新空间为抓手，在空间利用一体化上重点关注功能结构一致性、功能布局关联性、开发规模均衡性，在交通空间上重点关注步行系统网络化、换乘系统高效化、停车设施共享化，在景观环境上重点关注绿化环境无界化、设施小品景观化等特征，发挥全专业、多人才的优势。从纵向上来看，新城规划更加注重城市规划与城市设计的同步进行，打破传统"自上而下"的线形项目操作流程，将规划与设计紧密结合，并发挥"5＋N"的一体化思维模型优势，针对项目实施建设过程中的问题同步反馈，以三维视角全方位地进行把控，真实营造出宜人的场所与环境。

在中新昆承湖园区概念规划与城市设计项目中，项目组借鉴苏州工业园区"一张蓝图干到底"的经验，在原有规划的基础上进行优化提升，重点构建"1＋10＋N"的规划体系，实现多规合一。"1"个概念规划，"10"个控制性详细规划，"N"个专项规划（包括城市设计、产业规划、商业规划、智慧园区、综合能源、给水、污水、雨水、燃气、热力、电力、通信、环卫、水利、管线综合、综合交通、道路与场地竖向等市政基础设施专项规划），多规融合，实现横向一体化的深度融合，指导该园区的开发、建设、招商、运营。

在无锡南站（太湖新城枢纽）综合发展区启动区概念规划及城市设计项目中，交通问题对其他构成要素组织具有很大影响，因此为实现交通空间的一体化规划设计，项目组从综合交通系统的角度出发，通过立体化布局，从道路、轨交、公交、慢行系统、人行交通指引等全方位考虑，以"站城立体、无缝衔接"为目标，实现交通方式一体化、交通设施一体化、交通业务一体化，实现单一交通方式内部以及与其他交通方式间的协调与衔接，形成无缝换乘的有机整体（图3-1）。

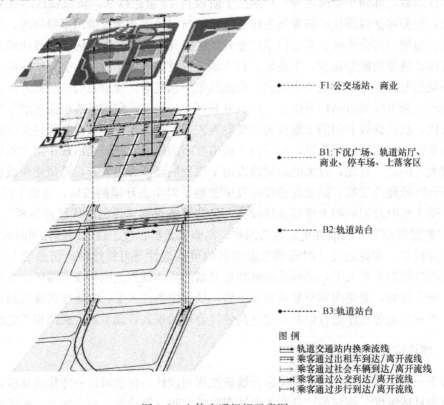

◆-------- F1:公交场站、商业

◆-------- B1:下沉广场、轨道站厅、商业、停车场、上落客区

◆-------- B2:轨道站台

◆-------- B3:轨道站台

图例
⇄ 轨道交通站内换乘流线
⇥ 乘客通过出租车到达/离开流线
⇥ 乘客通过社会车辆到达/离开流线
⇥ 乘客通过公交到达/离开流线
⇥ 乘客通过步行到达/离开流线

图3-1　立体交通组织示意图

在太湖科学城战略规划与概念性城市设计项目中，为衔接"创新＋生态"的发展目标，利用环山抱湖的优越蓝绿生态本底，项目组通过重塑基地山水空间特色，引导绿色生态友好型一体化发展。生态友好型一体化发展是将多维度、多种因素有机结合，实现人与自然相互支持、同步发展、共存共促的发展方案。方案以"提供亲水机会、创造观水机会、创造自然栖息地、提供自然教育机会、适应季节性雨水变化、净化地表径流"为六大设计原则，从望水到亲水，建设九条人文科创水廊，多样化水岸利用，适应生态和传统，形成生态设计专篇，将生境分成 4 个不同类型，对主要分布、栖息地要求、设计乡土植物种类、潜在目标动植物物种进行规划，以实现区域生物多样性（表 3-1）。

区域生物多样性规划   表 3-1

生境类型	主要分布	栖息地要求	设计乡土植物种类	潜在目标动植物物种
开阔水面生境	入水口和出水口位置	保持开阔的水面，作为游禽的主要觅食和栖息场所	沉水：消草、篦齿眼子菜、金鱼藻、穗状狐尾藻、黑藻	北方常见鱼类；绿头鸭及秋沙鸭等游禽类候鸟
浅水区湿地生境	中央净化湿地呈线性东西分布	人工辅助浅水湿地生态系统演替，挺水植物覆盖率 40%～60%，均匀分布，浅水区沉水植物覆盖率 60% 左右，均匀分布，维持中、浅区的比例	湿生：垂柳、红蓼、酸模叶蓼、酸模、狗尾草、菌草、稗、长芒稗 挺水：芦苇、东方香蒲、千屈菜、荆三棱 漂浮：浮萍、紫萍、满江红、水鳖、喜旱莲子草 沉水：殖草、篦齿眼子菜、金鱼藻、穗状狐尾藻、黑藻 观赏花卉：罗布麻、田旋花、旋覆花、亚麻	北方常见鱼类；黑水鸡、骨顶鸡、小白鹭、苍鹭、凤头蒂鹛、小鹏鸥；常见蛙类
近自然林地生境	水系以北绿地近自然生态林地	乔木覆盖率 60% 以上，灌丛覆盖率 30%～50%，涉禽鸟类的主要筑巢区，目标为顶级落叶阔叶林群落	栓皮栎、鹅耳枥、臭椿苦梀、构树、榆树、胡桃楸等	喜鹊、灰喜鹊、棕头鸦雀、大斑啄木鸟、珠颈斑鸠、红嘴蓝鹊、黄鹂、柳莺、云雀、山雀、暗绿绣眼鸟、八哥、乌鸦、丝光椋鸟等
景观林地生境	水系南侧地带靠近城区绿地	选取乡土树种，采用近自然的造林方式，疏密相间的结构，可部分为涉禽提供筑巢区	流苏树、西府海棠、杜仲、白皮松、雪松、红枫、元宝槭、龙爪槐、七叶树、馒头柳、楸树、林树等 观赏花卉：孔雀草、万寿菊、福禄草、羽衣甘蓝、百日草、玫瑰、凤尾兰、狸藻等	主要为林鸟类：麻雀、喜鹊、灰喜鹊等

3.1.3 实践案例

3.1.3.1 中新昆承湖园区概念规划与城市设计

1. 项目概况

中新昆承湖园区位于江苏省苏南常熟市高新区，按照长三角一体化发展的战略要求，常熟市为积极推动以该湖区为中心向南发展，落实"双湖联姻"决策，编制该湖区概念规划与城市设计。其中，概念规划面积 46.4km²，核心区城市设计面积 1.6km²。

2. 工作思路

首先通过时代背景与区域价值解读，在交通、生态、文化、产业等方面明确整体发展趋势，并叠合基地现状分析与上位规划解读，确立发展路径与目标定位，再通过循环传导的反馈机制，加入相关案例研究与规模预测，综合形成四个方面的创新点。将创新点落实到概念规划与城市设计中，通过空间概念、规划重点、设计亮点、支撑与引导系统等篇章表现。其中，在设计亮点上，为实现科创大公园的最终目标，将公共空间与滨湖岸线、商业空间、文化场景、便民服务、展示交流功能结合进行一体化城市设计，使功能空间紧凑、高效、有序（图 3-2）。

图 3-2　中新昆承湖园区概念规划与城市设计技术路线

3. 规划内容

在规划定位上，昆承湖园区对标苏州金鸡湖，立足自身资源禀赋和特色，未来将以"产城融合的新高地""品质生活的新城区"和"绿色低碳的新湖区"为目标，打造低碳创新城（图 3-3）。

规划构建"一湖、两湾、三轴"的空间结构。"一湖"为昆承湖共生湖区，围绕湖区形成环状生态发展群落，打造三生融合的滨湖功能区。"两湾"分别指城市活力湾、协同科技湾。城市活力湾以核心区、商业水街、UWC＋创新岛围合形成整个区域的城市创新中心、商业活力中心；协同科技湾位于湖西侧临近国道，是联系地区一体化和湖区的交点，是面向长三角科技产业资源的未来承接地，也是未来产业深入协同发展的中心。"三轴"分别为沿昆承湖快速路形成双湖联姻发展轴，沿国道形成常熟市南向发展轴，串联两湾以及高新区产业腹地形成的产城融合服务轴。

规划从生产、生活、生态、交通四方面谋划湖区整体发展。生产方面强化创新驱动，

图 3-3   中新昆承湖园区全景鸟瞰效果图

构建数字科技、新能源和现代服务业的"2＋1"产业体系，打造"常熟科创"品牌；交通方面形成"双环＋六横八纵"的干道路网，并规划两条轨道交通，主动融入市域轨交网；生态方面打造步行 5 分钟见绿的公园体系，形成"半城半园"的生态格局，并贯通环湖20km"云湖漫步"系统，打造"湖区 12 景"；生活方面打造三级配套体系，汇集科技创新人才、产业人才、本地居民等多元人群。

核心区面积1.6km²，规划以"科创中枢，缤纷湖城"为愿景，以公共空间导向为核心理念，构建以科创大公园为核心，"一园两街区"的城市空间框架。"一园"指科创大公园，融合生态与交通优势，结合建筑设置空中花园、垂直绿化、生态屋面和中庭景观，将生态置入城市，创造一个室内外互动交往的活动场所，塑造为常熟市最具活力的亲水交往空间。"两街区"分别指：包含以企业总部楼宇为主的云谷、以中小型创新创业企业为主的创新魔坊、以花园式总部为主的创新绿洲三类创新空间的"总部创新街区"；以及创新空间周边布局的"宜居乐活街区"（图 3-4）。

图 3-4   核心区整体效果图

4. 特色创新

向南发展，积极响应市域一体化发展战略。环沪融苏战略之下，常熟北联张家港、东邻昆山太仓、南接苏州，中新昆承湖园区正处苏州市域一体化发展轴上的关键节点，推动以昆承湖为中心向南发展，全面落实空间、产业、交通、生态等方面一体化发展要求。

以生态为核心，打造 EOD 模式导向的公园城市。EOD 模式强调生态引领，即发挥生态建设在城市建设的中心作用，以良好的生态环境来促进产业的聚集、城市的发展。规划强调以生态文明建设为基本抓手，推动绿色发展，统筹三生空间，让城市在自然山水中有序生长。同时充分尊重湖区特有的水生态环境，加强水资源保护和利用，将城市功能与湖区景观环境有机融合，打响生态品牌。

对标新加坡及苏州工业园区，依托数字科技和新能源两大主导产业和现代服务业的基础，构建"人-技术-空间"协同的智慧园区有机体。此外，还规划构筑了碳平衡系统，通过低碳交通、低碳建筑、海绵设施、微气候调节等低碳策略减少园区碳排放总量，增加生态系统碳汇能力，实现智慧共享、双碳创新、国际标准的共生湖区。

3.1.3.2　无锡南站（太湖新城枢纽）综合发展区启动区概念规划及城市设计

1. 项目概况

该项目位于苏南无锡市新城南侧，位于重要的城市科创带和长江发展轴交汇点，同时是无锡市面向太湖发展的重点区域，承载着引领未来发展的重任，是促进产业发展转型、提升居民生活水平的重要空间。项目编制于 2020 年至 2021 年，综合发展区概念规划面积 11.93km²，启动区城市设计面积 2km²。

2. 工作思路

规划以人为本，以创新发展和绿色发展为指导纲领，在前期分析中，首先从长三角一体化、轨道交通、空铁联运、城市格局、区域特色等方面挖掘价值，并从城市环境、创新环境、生态环境、建设环境等方面摸清家底，从中梳理出有关于基地的 SWOT 分析；其次，通过该高铁站枢纽的价值分析，并深入思考相关特征，不断加入各类矛盾问题，包括枢纽与城市关系的研究，TOD 站点发展趋势研究，枢纽选址、定位、规模等研究，创新湾区、滨湖地区、城市中心区案例研究，最终提出面向未来的城市中心区"多元功能、多样目的地""文化＋健康＋第三空间""聚焦标志性公共空间塑造"三大创新点，从而引出"创享太湖湾，活力生态城"的整体定位，从功能布局、TOD、生态、交通、公共服务五方面提出规划策略；最后，围绕站点展开城市设计，塑造城市核心形象。

3. 规划内容

站城联动的功能布局。规划以该高铁站为触媒，形成"一心三带"的发展格局（图 3-5）。其中，以科创游憩中心为核心，在其周边 1km² 发展综合中心，集聚枢纽（HUB）客厅、国际创新与合作中心、太湖湾创新服务中心、太湖前湾文化公园等重点项目；同时围绕枢纽，依据土地价值的评估，面向创新技术、创新服务、创新人才形成三条发展带，分别为科创共享带、商务发展带和文体经济带；在此基础上，形成八大功能组团。

方案形成 TOD 导向的综合开发模式。首先将 TOD 站点分为四级：区域级枢纽、城市级站点、组团级站点和一般站点，布局不同要求与功能；其次，构建 TOD 站点之间的连续开敞空间带，作为建筑与枢纽之间的缓冲空间，并沿街布置具有共享性、服务性的功

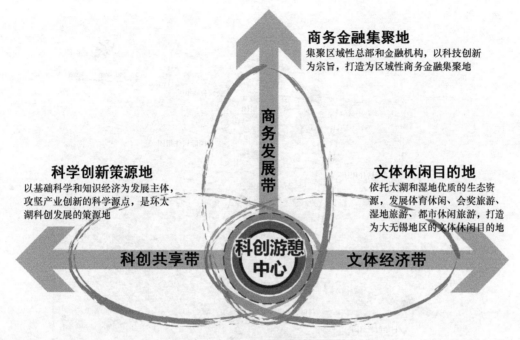

图 3-5　站城联动的功能布局规划

能；此外，通过以轨道站点为核心，提高开发强度、建筑高度、地下空间利用。

规划由区域生态出发，考虑太湖及周边的山水景观资源，提出"生态北进，城湖共生"策略，通过优化水网系统、构建三级生态廊道、塑造多元活力水岸空间，延续太湖新城"三纵三横"打造"田"字形水绿生态骨架。同时循着水系脉络形成三大主题"共享云环"，包括公园之环、服务之环、健康之环，以串联公园、睦邻中心、运动场和轨道交通站点等市民生活节点。

针对启动区城市设计，构建"枢纽十字，都市水弄"基本框架。枢纽十字是以枢纽站为核心，南北向形成一条 TOD 共享走廊，东西向形成一条活力公园轴线，共同形成十字发展轴；都市水弄是在启动区内的办公组团之间，形成两条东西向的"水弄堂"，并且与周边组团通过跨河天桥进行连接，为两侧的办公人群提供休闲游憩的场所；城市公园活力带则是在靠近湿地的岸边形成较多节点，提供休闲娱乐的场地，在沿着湿地的岸边形成一条活力带。基地内的水系和绿化也互相联系，串联起启动区内的景观体系（图 3-6）。

4. 特色创新

第一，多因子评估研究站点的选址。从 500m 步行腹地面积、周边 2000m 潜力的用地、枢纽与城市功能耦合关系、枢纽的交通条件、枢纽的生态环境五方面论证枢纽的选址，最大化枢纽建设对城市发展的正面效应（图 3-7）。

第二，基于土地价值提升的站城一体方案推演。规划基于生态条件、交通条件和地理区位进行土地价值模拟，得出综合发展区土地价值的圈层分布模型（图 3-8）。

第三，规划构建新型湖城关系。规划充分考虑太湖和城市发展的关系，以距离为界限分层次分维度处理湖城关系。层次 1（800m 段）：游憩层——临湖区，滨湖游憩的主要空间，分段塑造两大公园及太湖前湾；控制建设比例；内河活动拉近城市和湖的距离，并在

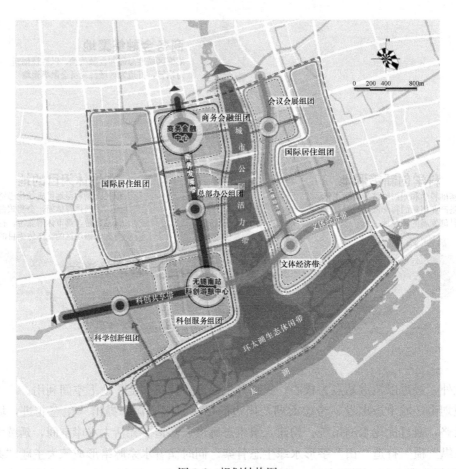

图 3-6　规划结构图

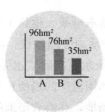

500m步行腹地面积
选址A最多，98hm²
选址B76hm²
选址C35hm²

周边2000m潜力的用地
选址A720hm²
选址B400hm²
选址C520hm²

枢纽与城市功能耦合关系
选址A在距离最近，且位于同
一条交通廊道上

枢纽的交通条件
选址A临近主干路和快速路，交通条件较好
选址B虽靠近主干路，但离高速入口较近，
会产生交通干扰
选址C在湿地内部，交通组织较困难

枢纽的生态环境
选址A离湿地150m
选址B离湿地350m
选址C在尚贤河湿地内，
生态环境最好

图 3-7　多因子评估示意图

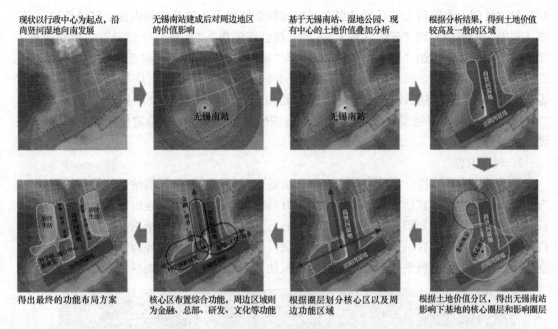

现状以行政中心为起点,沿尚贤河湿地向南发展 → 无锡南站建成后对周边地区的价值影响 → 基于无锡南站、湿地公园、现有中心的土地价值叠加分析 → 根据分析结果,得到土地价值较高及一般的区域

得出最终的功能布局方案 ← 核心区布置综合功能,周边区域则为金融、总部、研发、文化等功能 ← 根据圈层划分核心区以及周边功能区域 ← 根据土地价值分区,得出无锡南站影响下基地的核心圈层和影响圈层

图 3-8　圈层分布模型分析

200m 段设置保育层,保护岸线。层次 2（1.5km 段）：开发层——高价值,较高强度开发,沿湖公共功能岸线应布局公共功能,临近干城路应注意高度控制,滨湖高度总体递减;加强至湖边的纵向路径链接,同时重视天际线的营造。

第四,延续城市文脉,历史空间的传承演绎。提取原真性的无锡空间文化基因,打造新时代的特色空间。基因一:江南水弄堂——无锡市作为运河上的城市,河道宽约 5～20m,形成路河并行的“河-屋-街-屋”双棋盘空间骨架,建筑肌理沿街自由铺展,街巷肌理呈骨架式由河道向外生长,前街后宅、前店后坊,家家都有水码头。基因二:小街密巷——无锡市的传统街道分为街道和巷道两类,街道常宽 2～6m,高宽比 1∶1～2∶1,两侧围合连续建筑界面,串联公共活动节点,间隔 50～100m;巷道常宽 1.8～2.5m,向外延展与滨水空间相连。房屋前后为街、左右为巷。基因三:叠进合院——无锡市传统院落基本单元为一明两暗的“间”空间,常见四合院、三合院、“L”合院、“＝”合院四种形式,以两进院落为主。建筑密度 50%～60%,建筑高度 8～12m,建筑面宽 12～15m,进深 50～100m。基因四:湿地游园——无锡市传统湿地、公园和园林是典型的江南水乡园林空间模式,围绕水系创造多样的亲水空间,串联院落式为主的建筑空间。

3.1.3.3　太湖科学城战略规划与概念性城市设计

1. 项目概况

太湖科学城地处苏州市高新区西部,东临苏州科技城,西临太湖,生态环境优越,是落实长三角一体化国家战略和美丽江苏建设要求,打造长三角国家创新中心,建设世界级生态湖区、创新湖区的重要载体;也是高新区打造“国际一流创新高地”的重要战略空间。项目时间为 2020 年,战略规划研究面积 77km²,概念性城市设计面积 10km²。

2. 工作思路

项目组以城市设计为核心,联合交通、景观、建筑、规划等专业团队,围绕“创新引领"与"科创山水"两大特质展开思考，探究科学城建设趋势及空间内涵、区域价值、场地认知等，形成科学城"延续江南人文""寻找创新源头""集聚科学资源"的规划构想，发挥全专业优势，组织"特色空间节点设计""城市风貌控制体系""蓝绿景观规划""生态设计"等专题研究，每个专题中集聚的 N 个创新点，并反推回定位与理念中，反思所需解决的问题与预期成效，完善并补充规划构想，形成"世界级湖区科学创新原点""01NX 自主创新经济完型典范""文景交织的理想人居生境"的战略定位，并在总体规划设计全过程响应。

3. 规划内容

科学城以有机弹性、多元共享、交往密度适配科创园林的空间供给，构建科技创新生态，为科研人才打造宜居宜业环境。方案提升科学城的核心地位，连山通湖、构建有机生长的城市生命体，规划形成"一轴一带、双心八片、一环串城"的结构，突破传统空间结构，引导源、流创新在城市和生态中融合发展，构建一条科创山水环廊，强调整个科学城空间和功能纽带的有机整体性，串联各功能板块，高效组织利用各类科创设施（图 3-9）。

图 3-9　功能结构规划

不同于传统规划的大尺度功能分区模式，该方案提出"科创单元"的分区模式，以 15 分钟生活圈为基础，细化为 4 种主导功能类型、13 个可独立运作的混合单元。

水，是江南水乡的魂，灵韵多变的形态造就了细腻温婉的城乡空间，浸润了浩荡悠长的历史人文，科学服务中心的城市设计以水为自然肌理组织空间布局，纵横的河道是传承水乡空间风貌的重要元素，串联起未来科学城主体公共空间，团状水塘、湿地等开敞空间形成关键节点，打造为尺度宜人、富有特色的科创园林空间，由此向外"生长"出城市形态（图 3-10）。

图 3-10　城市设计总平面图

4. 特色创新

人群需求构建空间供给。规划通过对不同人群需求进行对比分析，并以此为导向配置相应的功能、设施以及环境。

构建理想的科创空间的圈层模型。规划通过大数据采样、科学城案例、创新行为模拟等开展研究，发现理想科创空间的布局规律，构建了空间圈层模型。一般分为三个圈层，第一圈层为交流共享的思想空间，第二圈层为科学工作的实验空间，第三圈层为技术到应用的转化空间，三个圈层彼此独立又功能叠合，互相渗透又紧密合作。结合自然人文基底的科学城，与当地的山脉、水网、轨道线等要素动态复合，形成特色鲜明的太湖科学城空间特质（图 3-11）。

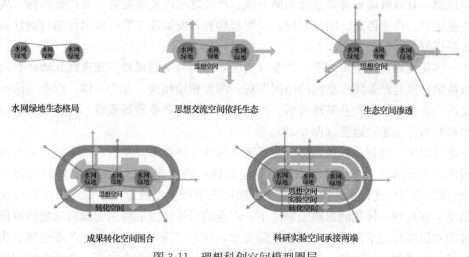

图 3-11　理想科创空间模型圈层

　　特色空间节点设计。在中微观城市空间的设计中，项目组着重分析了属于苏州市的两种水与城市的空间原型：运河与园林，一种是线性的界面，一种是面状的节点。将这两种原型予以现代城市尺度的诠释，将其融入科学城的空间之中。让科创空间与滨水空间融合，同时淡化外围城市，让两者相互渗透，形成了科创园林与科创街区（图3-12）。

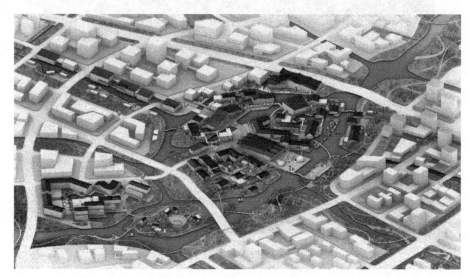

图 3-12　科创园林节点意向图

3.2　产业（园区）规划

　　产业（园区）规划是指一定区域内的产业空间载体，以产业结构调整为主线，以强化产业核心竞争力为目标，综合运用各项科学分析工具，分析国际投资转移与产业发展趋势，国内宏观经济发展与产业转移趋势，区域经济发展格局、竞争关系与中心城市集扩散趋势，以及现有产业链条在国内外的区域关联现况与发展态势，对产业发展方向与规模进行科学预测，有效推动资源要素在不同地域、产业之间的流通配置，对产业结构、战略举措、产业定位、产业体系、细分领域、空间布局和开发实施方案等做出近期行动计划和中远期战略谋划与科学部署。

　　在一体化规划设计逻辑之下，产业（园区）规划与空间规划实现良性互动，有助于产业的可持续发展与产业园区空间的协同布局，两者相辅相成，互为一体。产业（园区）规划的设计内容主要包括产业基础分析、产业发展目标、产业发展策略、产业发展引导、产业空间布局与开发建设运营（图3-13）。

　　产业（园区）规划一般指各类产业园区（包含经济技术开发区、高新技术开发区、综合性园区、专业园区、产业特色小镇等空间载体）的产业规划与空间规划的综合。产业（园区）规划是园区建设的先决条件，引领园区未来产业发展方向，拟定园区建设规模与环境品质。在规划一体化的思路引领之下，产业的可持续发展将引起园区功能的阶段性变化，进而对园区规划空间提出层层递进的要求，同时空间规划也会引导产业空间更为合理化地布局，在"创新、协调、绿色、开放、共享"的新发展理念之下，全面夯实园区产业

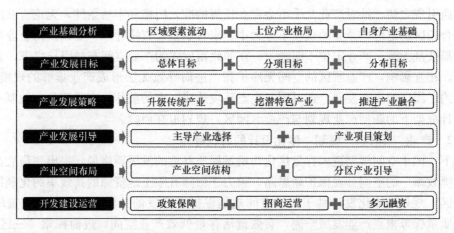

图 3-13　产业（园区）规划一体化规划设计技术路线

基础能力、提升园区产业链水平，保障园区空间供给，推动园区高质量发展。

产业（园区）的一体化规划设计主要通过宏观、中观、微观层面的综合考量，实现策划、规划、计划的"三划一体"，解决园区规划建设进程中是什么、做什么、如何做、何时做等一系列重大难题[4]（图 3-14）。

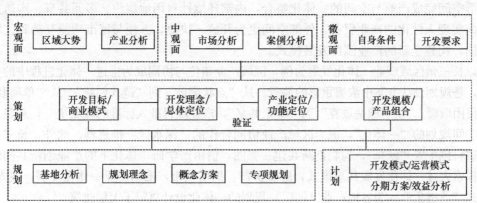

图 3-14　产业（园区）规划设计一体化研究框架
（来源：张仕云，新型产业园区策划与规划一体化实践；编者重制）

3.2.1　产业（园区）规划的背景及问题

3.2.1.1　产业（园区）规划兴起的历史背景

"十四五"规划明确了各主导产业在规划期限内的大政方针、目标任务、战略行动、实施举措，积极引导社会公共资源配置，保持社会经济发展的连续性和稳定性，确保一张蓝图干到底[5]。这也是一体化规划设计一直倡导的核心思想，而对产业（园区）规划而言，更多的是明确未来产业发展方向，借由制造业的空间有序转移，实现区域产业（园区）的统筹协调，扬长避短、美美与共，让梦想蓝图照进现实。

产业（园区）在现实发展中仍面临诸多挑战。国内诸多产业园区在建成之初，为了减少园区的空置率，减轻固定资产投入的资金压力，以期实现园区建设收益的快速见效，于是在招商引资之初，针对产业几乎不会存在任何的准入门槛和审核条件，无论入驻的企业是否符合园区的定位，企业的规模不分大小、来者不拒，直接导致产业园区内企业良莠不齐，布局杂乱无章，产业定位不明晰[6]。在如此粗放式的产业空间布局引导之下，各种产业混杂，相互影响，产业园区的空间无序扩张，进而导致无法形成产业集群的规模效应，不仅制约了园区的未来发展，还对园区生态环境造成一定的破坏。有鉴于此，编制一体化规划设计框架下的新型产业规划与产业（园区）规划迫在眉睫。

3.2.1.2 产业（园区）规划一体化设计的时代呼声

当下，国土空间规划进入存量优化与增量提质并重的发展新格局，提出"稳底盘、优空间、提效率"的空间开发保护新思路，致力于保障有限土地资源的高效集约化利用。产业（园区）规划一体化设计基于国土空间规划保护性开发的总体方针，精准配置增存资源，高质量保障重点产业发展空间，有效盘活存量低效产业空间，进而探索"三区三线"控制下"刚弹结合""多规合一""一张蓝图干到底"等一体化规划设计实施路径。

伴随着传统产业转型升级、新兴产业高速发展，产业内涵与园区载体发生蝶变，在要素驱使与一体化建设下，产业园区迎来重大变革。在集约化、复合化、定制化的趋势之下，遵从无界空间、创新共享的理念，产业空间与城市功能无缝衔接，借由最基本的产业功能共生单元，实现资源互通、信息互享、风险互摊，多维度、强链接、无边界的新型产业集群空间完成产业与空间的一体化整合，内部环境针对用地集约、多元共享、沟通交流等方向实现人性化的产业服务，外部空间更为开放、快捷，方便与城市功能互动和区域产业协同，构建全新的产业园区发展模式。

以长三角区域产业一体化发展为例，区域产业错位与协同成为推进一体化进程中的关键环节，是规划设计方案中浓墨重彩的篇章。从"点状突破"到"链式创新"，从"单项联系"到"报团取暖"，从"壁垒攻克"到"集聚共享"，产业项目准入标准的区域统一，彰显了产业与空间规划的"一体化"，成为区域产业协同合作的"深水区"推进器。此外，长三角区域打破科创配置"壁垒"，勾勒创新共建一张图，借由产学研一体化下的产业创新共同体建设，探索人才一体化发展共享模式，融资扩产、提质强市，推动产业一体化发展，嵌入式、耦合式产业链集群，为各地产业（园区）规划的一体化设计奠定了上层建筑。

3.2.1.3 产业（园区）规划一体化设计解决的核心痛点

产业（园区）规划一体化设计重点解决延链补链、禀赋利用、阶段应用、体制创新、招商运营、服务配套等产业发展的核心痛点。

（1）从全产业链发展的角度出发，探寻现有的产业园区在周边区域资源整合条件下的链条缺失环节。基于提升产业链与供应链韧性和安全水平出发，产业规划的当务之急是从绘制产业链图谱、构建产业链上下游、识别产业链关键环节以及补齐产业链缺失环节四个方面入手，科学应用经济学、管理学、社会学相关理论与方法，梳理产业链整体情况，实现产业链的"延链、补链、强链、固链"方针，以及与空间方案一体化规划设计。

（2）结合区域的产业基础和资源禀赋，推动产业定位和产业空间布局一体化规划设计。合理选配主导产业、支柱产业和培育特色产业。通过集聚发展、链式突破、梯次布局、配套补强等举措，从备选产业库（池）中好中选优、优中选强，实现产业区域市场容量广阔，产业资源具备比较优势，主导、支柱、特色产业之间关联度高、互补性强，节能减排、低碳发展。

（3）在顶端谋划全产业链发展，优化强势产业空间消纳，分阶段实现推进产业集聚，为园区提供源源不断的核心竞争力。产业园区的发展往往会被定义为四个阶段，我们通常称之为产业园 1.0 到 4.0 阶段（表 3-2）。产业园区所处的阶段不同，对应的产业规划与空间布局的重心也有所差异。

产业园区不同发展阶段的产业与空间特色　　　　　　　　　　　　　　表 3-2

阶段	发展核心	产业特色	空间特色
1.0	生产要素集聚	由政府优惠政策等外力驱动，产业规划的重心主要聚焦在低成本要素的高效率配置领域，通过贸易策略，获取产品附加值	产业空间往往呈现为工业项目的简单"排列组合"
2.0	产业市场主导	政府与企业市场竞争力的共同驱动，产业规划重心围绕在核心企业的产业链延伸布局，向"微笑曲线"的两端谋划	产业功能空间开始复合多元化，吸引了科研、中试、孵化等功能，特色"园中园"模式备受青睐
3.0	科技创新突破	经过了长期的技术积累，园区有条件向新兴制造领域扩张，产业规划的重心主要在产业社区的建设谋划上	产业空间上强调集群组团化发展，完善生产、生活配套，推动产学研一体化合作与产城融合发展
4.0	资本财富凝聚	核心产业已具备高势能优势，高附加值的现代服务业成为主导，产业规划的重心转向高价值的制造品牌打造，高素质的人才资源集聚以及高回报的产业金融加持	产业园区空间逐渐转变为产业新城建设模式，集工作、生产、生活、休闲娱乐等为一体

（4）在园区组织机制建设与运营管理模式上形成有效突破，实现产业与空间的一体化协调统一，保持园区健康、持续的发展趋势。在建设运营方面，产业规划主要解决管理体制不够科学、政策措施不够完善、融资渠道偏窄、专业人才匮乏等现实痛点。国内多数园区在推广运营模式时，缺乏对园区自身发展现况与空间格局的有效认知，将其他优秀园区的案例拿来生搬硬套，经常因为一些过于超前的优秀管理理念和空间开发模式与当前阶段产业园区的产业与空间发展情境不相符而导致"水土不服"，轻则造成产业园区的产业发展不平衡与空间布局割裂，重则阻碍产业园区的可持续发展与空间高效集约利用，导致园区经济"开倒车"、空间"打补丁"。

（5）正确处理园区招商引资和创新创业的关系，维系区域经济的内生增长动力。招商引资与创新创业均是产业园区发展壮大的有力抓手，秉持着"两手都要抓、两手都要硬"的发展方针，借由产业（园区）规划一体化设计正确协调好两者之间的关系。产业园区应牢固树立"项目为优，人才为先"的理念，大力招引符合产业主导方向的行业龙头、高精尖新企业，并支持产业用地弹性供给，在空间尺度、使用年限、供地方式上提高产业用地配置效率，做到产业与空间的协调统一。

（6）基于园区产业的特色发展需求，构建相应的产业服务体系。考虑到不同区域的产业结构偏差，在新的发展格局之下，通过产业规划，科学合理构造产业支撑服务体系，实现高品质服务业与高质量制造业的深度融合，将日益完善的产业、人才、金融、创新等各类保障政策落到实处，积极筹建都市型科学研究产业空间，方便生产性服务功能平台与中心载体的空间落位。

3.2.2 理论运用和技术措施

3.2.2.1 产业（园区）一体化理论运用

产业研究方法主要包括产业生命周期理论、产业结构理论、市场结构理论、市场需求理论与战略群体理论等，[7] 在一体化规划设计理念中的实践：

（1）通过准确判断产业所处的生命周期（开发期、成长期、成熟期和衰退期），制定产业一体化规划设计中的园区或企业的准入准出标准与精准的产业投资决策，合理谋划产业园区内多产业领域的业务搭配与企业协同，提高园区整体利润水平。

（2）借由对主导产业在现有的竞争力、供应商的议价能力、客户的议价能力、替代产品或服务的威胁、新进入者的威胁这五种力量的确认评价，引导产业园区规划的战略核心方向，成为产业一体化发展的顶层设计架构。

（3）在数字经济、"四新"等数据要素经济快速发展的当下，研究产业市场的结构性变化并对未来市场预期进行科学预估，有助于产业园区经济结构的战略性调整与转型升级，推动园区产业结构不断优化，实现一体化发展。

（4）借由要素分析决定产业市场需求的规模，直接影响产业园区的区域市场认知与供需关系判断，从而推动区域产业的协同分工，在一体化规划设计理念下，由产业（园区）规划指导要素科学配置，合理匡算产业发展规模。

（5）重点分析区域产业的竞争格局，更好地帮助产业园区了解产业战略群体间的竞争优劣与产业承接转移阻碍，帮助产业园区发现未来产业战略机遇，在产业一体化规划设计有助于产业园区快速厘清不同产业群体间的族群差异，为长远的可持续战略决策提供事实依据。

此外，区域分工与协作理论经由要素禀赋、技术、制度、规模经济的非完全流通，推动区域分工进行，在当代以都市圈这一综合经济模式切入，呈现区域产业专业化分工发展带动区域相关产业部门的协同进步，进而形成错落有致、优势互补的都市圈区域功能结构，引导区域产业一体化发展与布局，其所带来的效应也是产业（园区）规划一体化设计的终极目标之一[8]：

（1）"场"效应。针对产业发展环境，创造产业园区特色主导产业聚集、生存和发展的条件，促进区域产业经济实力增强。

（2）分工合作效应。持续完善都市圈区域产业分工协作体系，规避不合理的同质化竞争，避免同类工程重复建设，提高经济运行效率。

（3）结构效应。优化产业资源配置，发挥城市优势产业的区域辐射带动作用，加快技术应用积累、促进产业结构调整、提高核心竞争力。

（4）规模效应。有利于低成本资源交易，促进产业集群发展，减少基础设施的重复性建设，优化产业体系空间布局，集约和节约园区用地。

3.2.2.2 产业（园区）一体化技术措施

宏观环境分析（PEST法），产业园区内的不同产业和企业根据自身特点和经营需要，对政治/法律、经济、社会/文化、技术等宏观环境因素进行分析，主要用于产业或园区的战略规划、市场规划、产品经营、研究报告等[9]（图3-15）。

内部资源分析（SWOT法），基于产业或产业园区的内外部竞争环境和竞争条件下的

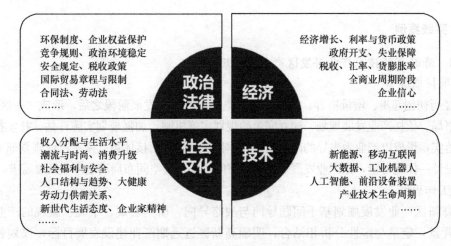

图 3-15　PEST 法与一体化规划设计

（来源：张燕华，胡梦媛，"无废城市"建设能力评价与路径优化——基于武汉固体
废物治理的 PEST-SWOT-AHP 分析；编者重制）

态势分析，对其所处的情景进行全面、系统、准确的研究，从而根据研究结果制定相应的
发展战略、计划以及对策等（图 3-16）。在产业（园区）规划一体化规划设计中主要用于
园区的内部资源分析[9]。

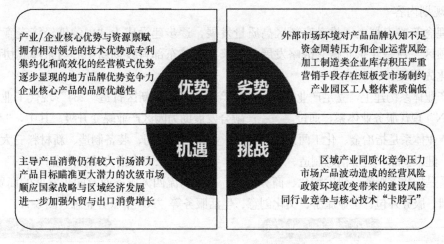

图 3-16　SWOT 法与一体化规划设计

（来源：张燕华，胡梦媛，"无废城市"建设能力评价与路径优化——基于武汉固体
废物治理的 PEST-SWOT-AHP 分析；编者重制）

定量研究分析（AHP 法），又称层次分析法，产业（园区）规划中常应用于产业体
系备选库构建与主导产业筛选，如基于需求动力、生产要素投入、产业间互动、产业
竞争力、社会共享、政府导向等多个因素影响下，借由指标评价科学筛选核心功能
产业[9]。

情景规划法，确定未来适合在产业园区发展或建设的内容，主要应用于细分产业选择
和产业体系构建；选择发生概率最高的"次优"方案，应用于预测产业园区的经济规模和
用地规模，确定园区的功能构成。

3.2.3 实践案例

3.2.3.1 赤峰高新技术产业开发区产业发展规划

1. 项目概况

在经历初创起步、增量扩容、扩区提质、整合提升四个发展阶段之后，形成"一区四园"的空间格局，依托产业发展规划，建立完善的规划实施机制，加强规划实施评估，扎实推进规划管控落实，形成以产业为先导的产业园区一体化规划设计衔接体系。基于产业规划研究和空间规划设计一体化考量，让产业发展发挥区域空间优势，使空间布局满足产业发展需求。

2. 工作思路

该高新区产业发展规划基于问题导向与战略导向，研判宏观、中观、微观的产业经济环境与背景，定量与定性分析相结合，明确高新区近远期产业建设发展目标，谋划各类产业规模指标，构建新型产业体系，制胜产业新赛道，指导产业资源要素在"一区多园"一体化发展格局下的空间落位，匹配国土空间界限，融入区域战略环境。

产业发展规划通过产业赛道谋划、产业园区规划、产业行动计划，实现高新区的产业发展"破题"，解决开发模式、定位理念、产业功能、产品组合等一系列关键环节，秉承科学分工、有序开发的行动逻辑，各个产业园区因地制宜，突出主导特色产业差异化、互补化发展，实施"飞地经济"，实现一体化产业发展与双向合作协同。

3. 规划内容

在理念策略谋划上，推动高新区高质量发展，逐步建设成为"中蒙俄经济走廊"对外开放引领区、新一轮东北振兴战略发展主引擎、省域东部科技创新中心与京津冀协同创新成果转化先导区。

在产业体系构建上，立足产业基础，依托产业创新，高新区打造"234"现代工业产业体系与"4N"现代服务业体系，通过二、三产融合发展助力园区产业蝶变升级。其中，"234"现代工业产业体系是指冶金、化工两大传统支柱产业，生物医药、装备制造、新材料三大新兴主导产业，健康食品、电子信息制造、节能环保、毛纺织加工四大潜力培育产业；"4N"现代服务业体系是指数字服务、研发孵化、商务金融、仓储物流四大服务业及同步发展的商贸会展、教育实训、服务外包、工业旅游、文化创意、生活服务等"N"个服务业态（图 3-17）。

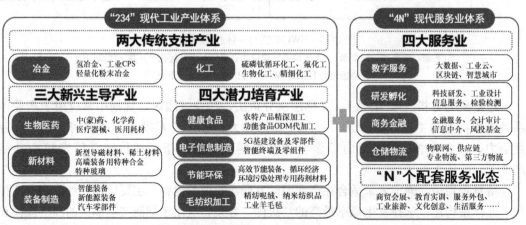

图 3-17　高新区"234"＋"4N"综合产业体系

在重点园区建设上，红山产业园聚焦重点技术、创新资源，打造成为兼具生产、制造、研发、中试、孵化、服务等全产业链于一体的产城融合现代园区，重点发展冶金、装备制造、生物医药等产业，加快延伸产业链，着力推动毛纺织加工优势产业转型升级，完善医药流通、保税物流等配套仓储物流职能；东山产业园围绕百亿级钢铁与铜精深加工基地建设，打造传统低效产业提质增效示范园区与生态低碳节水型智慧园区；元宝山产业园建设特色鲜明、优势突出、绿色安全的专业化工园区，打造高端化工标杆园区及特色医药化工产业基地，建设资源型城市经济转型开发试验区；松山产业园发挥承接国内外产业转移示范作用，完善对外开放合作机制，打造绿色食品产业高地及先进装备制造基地，成为高新区发展的重要增长极。

4. 特色创新

产业一体化"四维"分析筛选模型。通过多维度分析，指导产业承接转移重点方向；经多层次遴选，深挖发展机会、探寻匹配行业。依据规划政策、产业转移、产业基础、区域联动四个维度分析，从 25 个备选产业中进一步遴选出冶金、化工、新材料、生物医药、装备制造等产业作为高新区重点发展的主导产业。

全产业链耦合发展模式。高新区秉持产业、空间一体化规划设计原则，以打造全产业链发展为契机，由传统初级加工向多元精深加工转变，持续提高工业产品附加值，推动产业由分散走向集聚，打造专业"园中园"，实现产业耦合发展与区域空间协同的一体化建设，推动各园区地方传统产业、转型升级支柱产业、战略主导新兴产业、择机培育潜力产业和配套完善服务体系的产业功能与空间载体实现联动发展（图 3-18）。

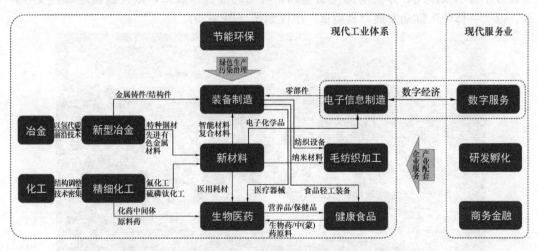

图 3-18　高新区一体化产业链关联耦合模式

工业用地绩效评估系统。梳理优质企业，逐步淘汰低效企业，发掘潜力用地，提升土地亩均效益，提高高新区发展质量。工业用地绩效评估系统以高新区内产业存量用地为评估对象，以经济效益、环境效益、空间效益等一体化要素为评价因子，运用多因子叠加分析法对现状企业逐一开展评估工作，根据评价结果将现状企业分为逐步清退类、整治提升类、鼓励发展类和重点扶持类四种企业类型（图 3-19）。

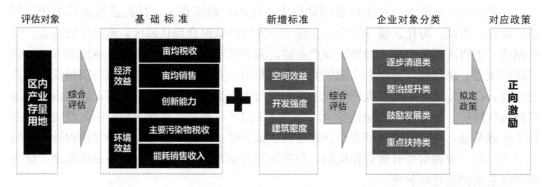

图 3-19 高新区基于产业一体化开发的工业用地绩效评估系统

3.2.3.2 吉林抚松经济开发区产业发展规划

1. 项目概况

抚松经济开发区是长白山区域产业功能核心空间之一,位于长白山西麓、松江河畔,与长白山天池遥遥相望,该经开区产业发展规划包括战略规划与产业策划两部分内容。

战略规划是为整个开发区的发展锚定方向,重点研究长白山中部生态经济区中国人参城全域,在战略层面上指引开发区推动人参城各大功能板块协同发展;产业策划则是聚焦开发区本身,重视产业空间层面的落实情况。从区域一体化进程、到中国人参城的全域打造,该规划为推动长白山中部、南部、北部三大生态经济区深化、拓展、融合发展,进一步提升中部引领作用、夯实南部发展基础、巩固北部合作成果,做大做强地域性支柱产业,以"一体化"推动发展"高质量"出谋划策(图 3-20)。

图 3-20 抚松经济开发区效果图

2. 工作思路

战略规划从宏观发展背景出发,围绕两山理论实践与双碳行动计划,强调区域高质量建设"白山松水踏新程""一图一网一盘棋"统筹性举措、"冰天雪地话人参"产业化推动,聚焦核心资源"百草之王、百药之长"的长白山人参,推动区域特色鲜明、关联度高的一、二、三产全域融合发展,研判现状优劣势,引导产业一体化发展趋势。

　　产业策划先立意、后立项，在明确中国人参城核心区的总体目标与功能定位之下，构建经济发展、创新驱动、民生福祉、绿色生态四类综合发展评价指标，提出三大产业发展策略，基础产业提质增效、新兴产业培育孵化、健康产业融合发展。进而谋划三大产业方向，推进细分领域发展、落实重大项目载体建设、实现产业与空间的一体化发展，并通过开发建设运营策略辅助园区可持续化发展。

　　3. 规划内容

　　产业发展目标。紧抓吉林省全面一体化发展"冰雪经济"的现实契机，充分发挥长白山"旅游大 IP，生态多资源"的基础优势，将该经开区打造为国际冰雪度假胜地、中国北方智造新区。立足新发展阶段、贯彻新发展理念，紧扣推动高质量发展、构建新发展格局，围绕冰雪经济打通生产、分配、流通、消费的一体化建设环节，打造中国人参城医药产业基地、松江河绿色食品智造园区和长白山冰雪旅游服务中枢，并围绕平台、载体、产品、技术、人才、资金等要素，构建一体化产业生态圈（图 3-21）。

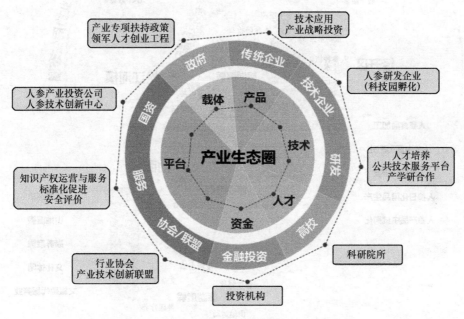

图 3-21　抚松经济开发区一体化产业生态圈构建

　　产业体系蝶变。经开区创新发展"工业＋""旅游＋""生态＋"概念，引领中国人参城区域产业体系构建与社会经济发展，打造以人参医药、绿色食品、冰雪旅游三大产业，二、三产融合发展助力经开区蝶变升级。

　　产业发展思路。人参医药产业建立健全研发、制造、流通、消费四大环节，打造一体化的医药产业链体系，持续推动全域协作，从项目、平台、资金、科研、人才等方面推动人参产品精深加工领域的发展，实施一体化中医人参健康产业发展路径；绿色食品产业坚持延链补链，以矿泉饮品为核心突破，推动产业增值，抢占高端水饮市场，打造长白山特色绿色食品产业集群，推动产业全域一体化协同；冰雪经济聚焦冰雪运动与度假康养两大领域，打造区域冰雪旅游服务一体化枢纽，整合旅游资源，策划亮点项目，实现服务共享。

全域空间布局。经开区基于"一区多园"发展模式，推动重点产业组团的区域合作，构建全域产业空间布局，以经开区为核心服务节点，统领三大主导产业功能园区建设，协同三大特色旅游片区发展，推动人参精深加工、森林食品、旅游度假等产业功能布局（图 3-22）。

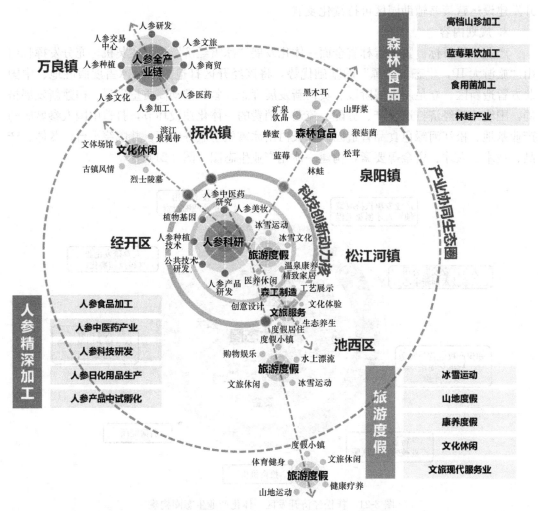

图 3-22　抚松经济开发区"一区多园"产业功能空间

4. 特色创新

人参产业开放创新（Ginseng Open Innovation，GOI）计划。力推 GOI 计划，构建"政产学研金服用"七位一体协同创新体系。以生产、学习、科学研究、实践应用为系统的一体化工程合作，强调科研资源对人参主题产业技术创新环境的助力。以区域周边高校学科科研创新资源为基础，由政府联合企业、高校，推动开放创新平台搭建与相关产业政策引导，有效落实"政产学研金服用"七位一体协同创新体系对区域产业科研创新的促进作用（图 3-23）。

构建"医、药、游、养、食"一体化大健康产业集群。"医"元素，形成多元办医格局，优化医疗服务资源配置；"药"元素，打造集医药生产、流通、分销于一体的医药商

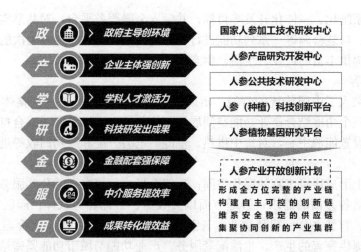

图 3-23　七位一体人参产业开放创新（GOI）计划

贸物流体系；"游"元素，创新发展健康新业态，促进多元旅游产业转型升级；"养"元素，多元化、创造性、生态化繁荣发展康养产业；"食"元素，以"风味"＋"健康"双导向，探索健康饮食绿色发展模式。

　　规划"储、运、销"全域一体化物流系统。内联环长白山区域，外联国际国内，通过"物流＋电商"产业一体化发展生态圈助力人参全域营销、全链开发，提升完善配套服务，支持储、运、销环节做大做强。

3.2.3.3　苏州吴江智慧城市产业化基地城市设计

1. 项目概况

苏州吴江智慧城市产业化基地结合某国企在多产业领域的领先优势，引入新一代信息技术、新能源、新材料、智能制造、生命技术、环保科技、大数据、金融服务、文化创意九大都市特色产业，目标打造具有示范意义的现代化国际园区与一体化建设的智慧城市（图 3-24）。

图 3-24　苏州吴江智慧城市产业化基地一体化规划设计效果图

2. 工作思路

在项目开展过程中，项目组提出了打造示范性的产业空间载体、促进区域产城功能融合、园区空间系统化、一体化开发等目标，并融入金融服务平台，对共享实验室、核心公园、邻里公园、口袋公园等一系列功能进行一体化规划设计，塑造多层次的产业配套及公共活动空间，提供丰富的产业、生活、生态服务体系。

3. 规划内容

项目充分融入了中国传统的营城、治园、筑室思维，有目的地从整体布局、景观环境、建筑产品三个角度结合产业功能空间展开一体化规划设计思考，综合打造一体化智慧园区，并通过设置能源中心，对集中供热、供冷、电力分配和废物回收等进行智能一体化的综合管理。

空间营造上形成层级丰富的绿化空间；功能上形成集聚多元的公共服务平台满足产业人员工作与生活各方面的需求；管理方面以大数据、云计算为载体，园区管理集智慧安防、智慧交通、智慧办公、智慧物业、智慧公寓于一体，打造智能化管理的先进产业空间。园区还将提供完善的生产、生活配套服务，产业功能与城市功能紧密结合，让人们在工作之余，享受生活乐趣，造就多彩的活力之城。

规划设计借鉴《千里江山图》江南山水图的意境，将藏风聚气、山环水抱的东方治园理念运用到空间组织，展现"仁者乐山、智者乐水"之大境界。

4. 特色创新

项目通过聚合区内水体，重塑水乡景观特色，围绕亲水空间实现核心区域服务功能的一体化配置，完善区域的城市配套服务功能；通过井字形路网与景观轴线的展开布局，使园区更好地融入周边城市环境（图3-25）。

点线面结合的开放空间结构与网格状组织的交通流线，共同构筑环网式一体化空间布局，实现各产业组团的紧密联系。在产业单元的科研区创新性地设置空中花园，供人们步行和游

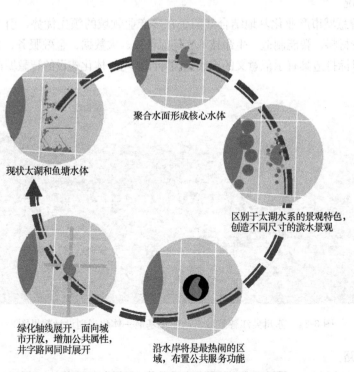

图 3-25　构筑一体化产业功能"亲水"空间

憩，半地下空间区域提供车辆的穿行与停放功能，营造人车分流的典范花园办公空间。

以十字景观轴线作为园区的开放空间骨架，轴线相交处结合商业配套布局核心景观；各个产业单元内部也各自形成生态节点，通过一条环状绿带串联，与园区景观核心及景观轴线一并构成园区的生态一体化开放空间系统（图 3-26）。

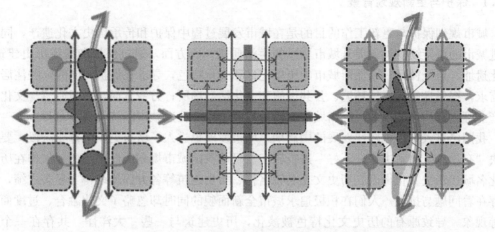

图 3-26　一体化开放式产业空间组织架构

一体化规划设计将园区打造成为"综合服务平台＋产业单元"的全方位、产城融合新型园区。综合服务平台涵盖金融、教育培训、展示发布平台以及综合的商业配套、人才公寓和文化休闲空间。多个产业单元，形成紧密的上下游合作关系；产业单元内部提供专业、细分的共享与交流空间（图 3-27）。

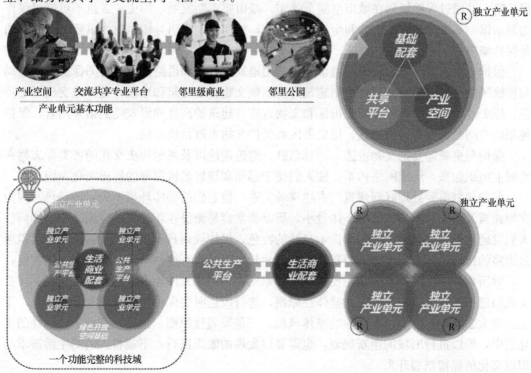

图 3-27　"综合服务平台＋产业单元"一体化规划设计

3.3 保护与更新规划

3.3.1 保护与更新规划背景

城市规划保护与更新工作的目的是在城市发展过程中保护和传承历史文化遗产，同时促进城市的可持续发展和提升城市居民的生活质量。一方面，通过保护和修缮历史建筑、文化遗址、传统社区，以保留城市的历史记忆和文化特色，寻求在保护的同时，关注居民的需求，提供良好的居住环境、公共设施和文化活动场所；另一方面，吸引旅游、文化创意产业等相关产业的发展，提高城市的活力和竞争力，促进城市经济发展。

我国已进入城市化较快发展的中后期，城市发展也进入了城市更新的重要阶段，要从解决"有没有"向解决"好不好"进行转变。目前我国城市规划的保护与更新工作在历史文化名城、历史文化街区、历史文化名镇名村、历史建筑等各方面均取得了显著成绩，但仍存在着问题与挑战。人们在积极追求城市全新面貌的同时却忽略了文化融合、过度商业化等现象，导致原有的历史文化特色被淡化，历史建筑与一些"大洋怪"共存在一个空间，城市空间显得十分不协调。此外，还存在着大量拆旧建新和大规模的复古建造，在根本上违背了保护规划的目的和要求。

3.3.2 理论运用和技术措施

保护与更新首先要分析总结城市的发展历程和现状情况，确定合理的城市社会经济发展战略，并通过保护规划在城市空间上落实。城市要不断发展，历史片区也不可能仅仅作为展示馆，不可以让它的生产和生活停滞不前，如何控制和引导相对更为重要，最终目的是保持城市的活力与经济的繁荣。

保护与更新需要确定合理的城市布局、用地发展方向和道路系统，力图保护空间格局与传统风貌，通过道路布局和控制建筑高度展现文物古迹建筑和地段，更好地突出历史特色。历史片区内一般有较多历史街区和文物古迹，建筑的高度和形式受到诸多闲置，保护规划的空间布局要为保护城区、历史街区和保护文物古迹预留空间。

保护与更新需要把文物古迹、园林名胜、遗迹遗址以及展示历史文化的各类标志物在空间上组织起来，形成网络体系，使人们便于感知和理解名城深厚的历史文化渊源。

保护规划需要处理好新建筑与古建筑的关系，使它们的整体环境不失名城特色。因为文物建筑及传统风貌建筑陈旧、体量小，所以非常容易淹没在新建筑的包围之中，如何使人们发现它们，如何突出它们而提示名城的特色，保护规划具有不可替代的作用。可以通过道路的选线、建筑高度分区控制和重要古建筑之间的视廊控制，突出地呈现文物古迹。

对历史片区的保护与更新主要遵循三点原则：一是原真性原则，确保历史遗存、历史文化的建筑风貌得以保留；二是整体性原则，进行改造时要保证整体风貌和空间形象，不能新增太多其他元素的内容，影响整体风貌；三是发展性原则，世界一直处于动态性的变化之中，所以进行旧城的重新规划，也需要以发展的眼光进行，不能将人们的生活需求与旧城文化的保留割裂开来。

3.3.3　实践案例

3.3.3.1　常熟历史文化名城保护规划

1. 背景及问题

编制背景。首先，保护规划本身有待完善，常熟市现行版保护规划存在一定不足，一批保护规划和研究成果有待整合。其次，保护规划理念思潮发生变化，历史文化保护法规体系逐步完善，历史文化保护实施理念发生转变。最后，"精致常熟"的发展要求，历史文化保护认识水平逐步提高，价值判断逐步趋同，各级国土空间规划对文化保护内容均提出了具体要求。

主要问题。与其他历史城市的景观风貌控制情况相比，常熟古城内还是有不少建筑高度突兀、体量偏大、风貌不是很协调的红顶建筑等，影响城区的整体风貌格局，常熟古城的城市风貌控制有待提高（图 3-28）。

图 3-28　常熟古城区风貌

城区大环境中，历史城区内有不少低端、缺乏活力的街道型商业；学校和医院在城区范围内，附近的交通经常会出现拥堵，旅游配套的服务设施不足，整个历史城区的功能在逐渐弱化、缺乏品质。

居住环境中，生活配套较少，建筑中主要是传统风貌的建筑，质量相对较差，存在一定安全隐患，改善民生环境面临较大的挑战；交通设施上，为街区内部服务的公共交通、慢行交通设施较少，行车和停车都比较困难，交通通行能力有待提升；市政设施上，历史城区内出现私搭的衣物与电力线缆混在一起，影响风貌，存在安全隐患，以及生活污水直接排放到河道，院落内部的消防不足等问题。

2. 工作思路

规划原则总计有 5 点，分别为坚持真实性保护原则、坚持整体性保护原则、坚持永续性保护原则、坚持人本性保护原则及坚持创新性保护原则。

规划主要目标有两条，一是传承千年文脉，增强文化自信度。为此需要保护好常熟"山、水、城"一体的独特空间格局，彰显城市的特色；保护和弘扬地方传统优秀文化和非物质文化遗产，深入挖掘历史文化价值，构建更全面、更完善的保护体系，增强地区整体文化的认同感与自信度，体现城市魅力。二是协同保护与发展，实现文化荣城。主要是改善生活环境，保持发展活力，延续城市文脉，在城市发展建设中始终贯穿名城保护意识，协调保护与发展的关系。

保护思路。为了实现上述两条目标，规划总体分成了两个方面和四个层次的保护框架，两个方面分别是物质文化遗产及非物质文化遗产，四个层次分别是市域、历史城区、历史文化街区、文物古迹（图 3-29）：

图 3-29　规划结构总体框架

区域层面上规划主要解决三个问题：如何整体、串联保护众多历史文化资源，突出常熟作为吴文化重要发源地之一；如何借助其区位优势和文化资源，挖掘旅游开发价值；如何通过保护众多历史文化资源促进区域城乡经济社会、文化、生态全面可持续发展。

3. 规划内容

历史城区保护规划结构。规划历史城区构建"两核、两轴、多点"的保护框架。两核有文化保护核心，以常熟言子祠为载体，开发相应文化商业等设施配套，保护发展常熟崇文尚和的历史文化；山体空间核心，以虞山辛峰亭为节点，打造山体视廊聚焦核心。两轴有历史文化保护主轴，保护由琴川河、南泾堂、西泾岸三个省级历史文化街区串联的主要文化路径，以及保护利用好路径两侧的文物及文化设施；历史文化保护次轴，保护自南泾堂向南门坛上延伸，沿西南河、元和塘及两侧民居共同构成的商贸文化轴线。多点是历史城区范围内重要的文物古迹点。

市域历史文化展示结构。规划市域历史文化遗产形成"一环二带五区多点"的展示与利用结构（图 3-30）。一环主要是各个乡镇的红色文化点位串联形成的红色记忆环，串联市域范围内红色点位，如辛庄抗日碉堡群、江抗东路活动旧址、《大众报》创刊发行地、常熟县人民抗日自卫会成立会址、梅里抗日碉堡等。二带分别是明清风貌展示带及崇文尚和文化带，明清风貌展示带是串联打造市域范围内重要的明清风格建筑园林点位，如曾赵园、燕园、綵衣堂、赵用贤宅、铁琴铜剑楼、王淦昌故居等。崇文尚和文化带串联打造市域范围内重要的文化点位，如张氏爱日精庐、古里继善堂、翁心存墓、仲雍墓、言子墓等。

五区分别为历史城区古城综合展示区，主要以常熟历史城区为载体，展示历史城区内山水城一体的空间格局、规划设置历史城区内的文化展示路径；虞山自然与历史文化综合展示区，提升打造虞山尚湖风景旅游区；古里镇乡绅文化展示区，策划古里镇藏书与乡绅系列主题展览；沙家浜镇红色文化展示区，围绕唐市古镇及江抗东路活动旧址打造沙家浜特色旅游；李市村传统村落文化展示区，改善李市大街两侧传统风貌建筑，突出常熟水乡村落特色。

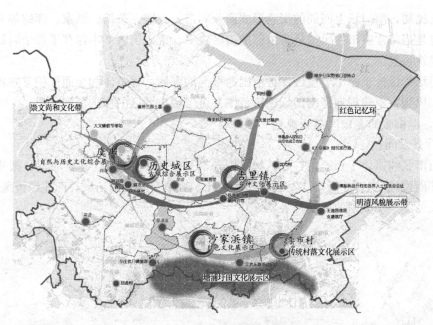

图 3-30　市域历史文化展示结构

4. 特色创新

本次规划最大的创新是在充分的历史研究及现状调研基础上，扩大了历史城区的保护范围（图 3-31）。原历史城区范围为鸭潭头-颜港-东市河-西城河-西门湾-虞山古城墙-菱塘沿围合的范围，面积为 $2.4km^2$。

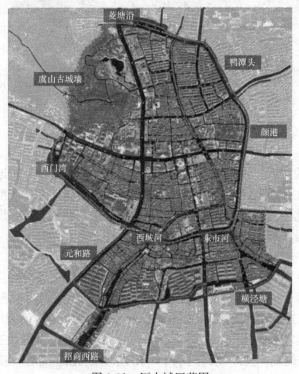

图 3-31　历史城区范围

清末民初，南门坛上四周的街巷形成商业闹市，旅栈、茶馆、酒家、商肆等兴旺发展起来，也是当年常熟市井风情最为浓郁的街区之一。现今街区基本保存了那个时期街区的格局与建筑风貌。

南门坛街区位于原历史城区保护范围西城河的南侧，为整体和全面保护常熟古城的历史环境和风貌，本轮规划将南门坛街区范围并进了历史城区的保护范围。

3.3.3.2 昆山张浦老镇区更新规划

1. 背景及问题

昆山市张浦镇位于长三角核心区域（图3-32），在改革开放红利驱动下，张浦镇先后历经"苏南模式""新苏南模式"两次制度变迁，城镇空间迅猛拓展，产业经济蓬勃发展，迅速成长为苏南小城镇的典型代表。

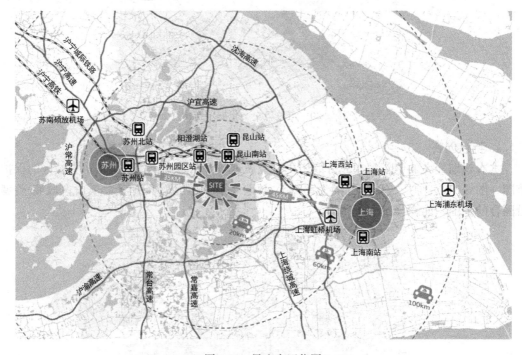

图 3-32 昆山市区位图

在快速城镇化的背后，张浦镇也衍生出城乡交织、产居混杂、用地粗放、环境破坏等一系列问题，尤其在张浦老镇区问题尤为突显。在城市更新、存量转型的大环境下，如何通过精细化研究优化张浦空间布局，完善配套服务，提升城镇风貌，恢复老镇活力，重塑江南水乡新格局，是张浦老镇区亟须解决的现实课题。

2. 工作思路

规划提出"老镇复兴，打造昆南复合活力社区"的更新理念与定位。规划从人文、宜居、生态三个维度赋予"昆南复合活力社区"三重定义（图3-33），一是以张浦老街为触媒，传承历史与文化，打造人文休闲社区；二是以轨交线建设为机遇，引领片区复合开发，塑造乐活宜居社区；三是以生态绿环为纽带，蓝绿渗透，交织成网，构建生态低碳社区。

规划在通过系统研究后，结合国内外先发城镇先进经验，提出五大设计策略（图3-34），即由镇到城，老镇助力打造昆南副中心；老镇活力复兴，重拾张浦美好记忆；

人文休闲社区	乐活宜居社区	生态低碳社区
■ 传承历史人文，保持新旧平衡	■ 高质量生活中心提供便捷服务	■ 水绿交织的空间格局
■ 重塑城市风貌，提升人居环境	■ 健康的生活方式	■ 尊重自然的生态景观系统
■ 人与环境的情感关联	■ 复合的邻里单元模式	■ 绿色街区 绿色街道 绿色建筑
■ 活跃的市民休闲空间	■ 与居住相融的现代化工作环境	■ 环境友好的出行方式

图 3-33　三重定义

功能定位策略

老镇复兴策略

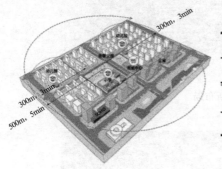

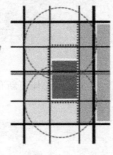

典型社区用地40～60hm²

生活中心+学校+邻里公园
三位一体组成社区核心

沿邻里核心设置商业街区

路网密度5～8km/km²

用地布局策略

交通组织策略

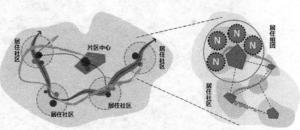

环境提升策略

图 3-34　五大设计策略

宜居宜业，构建5分钟活力生活圈；TOD模式引领，倡导复合开发与公交出行；织绿成网，构建江南水乡低碳新生活。

3. 规划内容

规划从总体更新规划与分区详细设计两个维度展开。总体更新规划形成"两轴两环，双心驱动，水绿交织，多元融合"的空间结构，为未来发展描绘美好蓝图（图3-35、图3-36）。

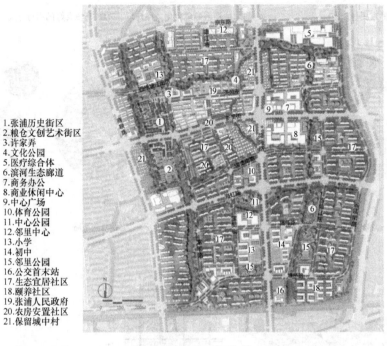

1. 张浦历史街区
2. 粮仓文创艺术街区
3. 许家弄
4. 文化公园
5. 医疗综合体
6. 滨河生态廊道
7. 商务办公
8. 商业休闲中心
9. 中心广场
10. 体育公园
11. 中心公园
12. 邻里中心
13. 小学
14. 初中
15. 邻里公园
16. 公交首末站
17. 生态宜居社区
18. 颐养社区
19. 张浦人民政府
20. 农房安置社区
21. 保留城中村

图 3-35　总体更新布局

图 3-36　总体鸟瞰图

　　立足分区特色,打造文创休闲街区、老镇生活中心、低碳宜居社区三大特色分区。文创休闲街区以张浦老街为本底,结合原有废弃粮仓,打造集文化展示、创意休闲、特色酒店等功能于一体的开放式创意步行街区(图 3-37);老镇生活中心结合轨交站点进行复合开发,集商务办公、运动休闲、SOHO 酒店等功能于一体,促进多元融合发展(图 3-38);低碳宜居社区立足水绿交织生态本底,集生态住宅、邻里公园、教育医疗等功能于一体,打造新江南水乡典范社区(图 3-39)。

图 3-37　文创休闲街区效果图

图 3-38　老镇生活中心效果图

图 3-39　低碳宜居社区效果图

4. 特色创新

"四位一体"更新思路与框架。规划提出构建基于"定位重塑-综合评估-更新方案-实施计划"四位一体的更新思路与框架（图 3-40）。首先，立足"危"与"机"双重导向，"危"即现实困境，"机"即发展机遇，进行更新定位重塑；其次，构建多因子叠加评价体系，落实保留提升、整治改造、拆除重建三类更新空间，对现状空间进行综合评估；然后，基于有机更新理念，从特色彰显、空间优化、品质提升三个维度谋划更新规划方案；最后，明确重点更新项目，以项目化为导向落实更新实施计划。

图 3-40　更新思路与框架

定量分析评价，规划构建多因子评价体系对城镇空间进行综合评估，以明确规划方案的空间基底。首先，运用因子分析法进行多因子必选，筛选影响更新的主要因子进行单因评价，包括土地利用、产业效益、道路交通、建筑质量、生态环境、配套设施；其次，运用德尔菲法对各单因子进行权重赋值，明确各因子对于更新方案的重要程度；最后，运用 GIS 进行多因子叠加分析，对现状空间进行精准识别，形成建设空间综合评判图底（图 3-41）。

分类指引的行动框架，考虑规划到实施的有效传导，将张浦老镇区更新方案转化为29 项实施项目，打造重点项目库，分年度谋划推进重点项目建设。根据重点项目实施内容的差异性，重点项目库划分为民生服务、基础设施、生态环境、产居建设四类提升行动（表 3-3）。

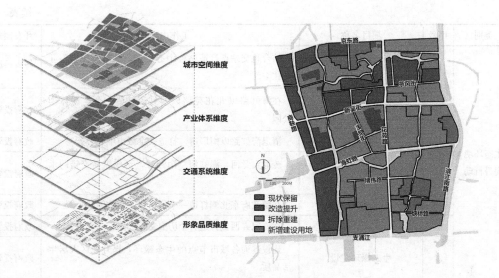

图 3-41   现状综合评判

重点项目库   表 3-3

类别	序号	项目名称	工作内容	开发模式
民生服务提升行动	1	昆山六院迁建	在京东路南侧迁建昆山六院，原址改为社区卫生服务中心，分两期完成	政府投资
	2	塘江巷邻里中心建设	在塘江巷口造造邻里中心，完善生活配套	政府投资
	3	新昆小学扩建提升	拆除张浦村后家浜，扩建新昆小学	政府投资
	4	幼儿园及社区服务中心建设	在宝觉街、塘桥路、海虹路建设三处幼儿园和社区服务中心，完善生活服务配套	政府投资
	5	花苑路中小学建设	清退花苑路两侧厂房，在西侧建造一个规模 36-42 班的小学，东侧建造一个中学	政府投资
	6	京东路东拓	向东延伸京东路 525m	政府投资
基础设施提升行动	7	K1 轨交站点建设	在新吴街-花苑路口建设 K1 轨交站点	政府投资
	8	海虹路改道工程	海虹路向南改道，与周边道路衔接	政府投资
	9	博伟路延伸工程	博伟路向东西各延伸 358m、120m	政府投资
	10	花苑变（变电站）迁建	花苑变由茶风街迁建至塘桥路	政府投资
	11	公交首末站建设	在花苑路-塘桥路口建设一个公交首末站和社会停车场	政府投资
	12	新增两条东西向道路	新增两条东西向道路，分别连通花苑路-市河、滨江南路-市河	政府投资
	13	新增四条南北向道路	新增四条南北向道路，分三期实施	政府投资
	14	塘桥路西拓工程	塘桥路向西拓建 738m	政府投资

类别	序号	项目名称	工作内容	开发模式
生态环境提升行动	15	站前中心广场	结合轨交站点打造站前中心广场，给市民提供停驻交往空间	政府投资
	16	体育公园	在海虹路以北花苑路以西处，打造一个运动休闲公园	政府投资
	17	中心公园	清退海虹路以南厂房，打造一个城市中心公园	政府投资
	18	三段河道疏通工程	疏通宝觉河、海虹河、阴泾江，形成纵横交错的水网体系	政府投资
	19	文化公园	在镇政府东北侧打造一个供市民文化休闲的公园	政府投资
	20	上塘公园	在许家弄西侧打造一个历史文化公园——上塘公园	政府投资
	21	生态绿环建设	建设连通各城市节点的生态绿环，提升片区人居生活品质	政府投资
产居建设提升行动	22	TOD核心区开发	围绕轨交站点高强度开发商务办公综合大楼及休闲商业中心	政企合资
	23	南部颐养社区打造	在塘桥路南侧打造一个颐养社区	政企收储
	24	南部宜居社区打造	在南部打造多个生态宜居社区	政企收储
	25	老镇多元生活社区打造	在西横塘江北侧打造多个老镇生活社区	政企收储
	26	茶风街商务办公楼建设	在张浦镇政府西侧建设两栋商务办公大楼	政企合资
	27	许家弄重修	保护重修历史建筑许家弄	政府主导
	28	张浦老街改造	清退浦西村，更新改造张浦老街，植入新的功能业态	政府主导
	29	粮仓改造	清退界西弄现有农房，改造粮仓建筑，植入文创产业功能	政府主导

3.4 乡村振兴

3.4.1 乡村振兴的背景及问题

我国乡村规划建设的历史由来已久，呈现出时代性、政策性的特征。从农村房屋的建设到村庄的整体设计，再到成为法定规划体系的一部分，从农房建设到"社会主义新农村建设"，到"美丽乡村"建设，再到实施"乡村振兴"战略，乡村规划经历了从无到有、从零星规划到全覆盖的过程，并为解决"三农"问题，打赢脱贫攻坚战提供了重要规划支撑。

经过长期以来的不懈努力，我国乡村振兴工作已经取得了举世瞩目的成就。然而我们还应清醒地认识到，当前农民的困难依旧存在，巩固脱贫攻坚成果，提高农民生活水平仍是一项长期而艰巨的任务。乡村规划作为乡村振兴的重要规划支撑，同样面临着问题和挑战。一方面，乡村地区规划涉及多种类型，但主导部门不同、政策依据不同，导致乡村振兴面临着多规冲突严重、统筹协调困难的问题。另一方面，乡村规划建设中存在明显的规划与实施脱节现象，规划人员脱离了项目建设，乡村规划缺乏一体化建设，导致规划落地性和可操作性不强等问题。

3.4.2　理论运用和技术措施

3.4.2.1　多规合一的一体化乡村规划体系

2019 年 3 月，习近平总书记在十三届全国人大二次会议河南代表团审议时指出，村庄规划应通盘考虑土地利用、产业发展、居民点布局、人居环境整治、生态保护和历史文化传承等多方面因素。如何统筹协调繁杂的传统规划，编制更加实用的乡村规划一时间成为学界关注的重点问题。当前，在全面实行乡村振兴的背景下，乡村规划亟须正视村庄发展的实际情况与城乡融合发展的实际需求，整合已有规划及各类要素资源，实现"一张图"指导规划建设管理，逐步形成"多规合一"的一体化乡村规划体系，真正做到乡村建设发展有目标、重要建设项目有安排、生态环境有管控、自然景观和文化遗产有保护、人居环境改善有措施的发展要求。

3.4.2.2　从顶层规划到项目实施的一体化乡村设计

新时代乡村规划应顺应乡村发展的新趋势和新要求，编制从顶层规划到项目实施的一体化乡村设计，加强研究从宏观区域到中观村庄规划层面，再到微观村庄建设层面等全方位、多层次的乡村规划项目。同时，现阶段的乡村规划需更加注重规划的落地性和可操作性，秉承一张蓝图绘到底的设计思路，以政府服务平台为引领构建"规划-设计-建设-运营"合作团队，通过设计师、政府部门、企业、农户的多方联动，实现驻村规划、现场设计、在地建设的高度契合，以一体化工作框架推进乡村规划建设。

3.4.3　实践案例

3.4.3.1　区域研究：苏州市"环澄湖"特色田园乡村跨域示范区规划

1. 项目概况

1）项目背景

2017 年江苏省推出特色田园乡村建设行动，苏州地区立足于乡村实际，培育了一系列特色示范点。为了推广特色田园乡村精品示范区的建设培育经验做法，探索推进跨县级市（区）的特色田园乡村精品示范区建设，苏州创新性提出建设"两湖两线"跨域示范区。本书以其中的环澄湖跨域示范区规划方案为例，展开对乡村全域统筹规划的路径研究。

2）规划区特征

创新都市与原乡古镇环抱。规划区地处苏州市中心与上海市交界处，是长三角一体化发展的重要节点。周边被多个创新功能区所环绕，包括长三角一体化发展示范区先行启动区、独墅湖开放创新协同发展示范区、吴江经济技术开发区，是地区转型发展的优势资源。另外，规划区紧邻周庄、同里、锦溪和角直四大古镇，拥有风物清嘉的历史人文底蕴，未来将成为新型创新产业与传统旅游服务产业交融发展的典范。

文化底蕴与生态资源丰富。规划区内拥有大量的文化遗产和优质的生态资源。将文化分为物质文化和非物质文化，其中物质文化包括摇城遗址文化、水八仙文化、砖窑文化、桑基鱼塘文化；非物质文化包括阿婆文化、酒文化、竹篾文化。将生态资源分为湖荡和河道资源，规划区内拥有大、中湖荡约 10 个，湖荡面积 58.7km^2，占总面积的 34.5%；拥有河道岸线共 102km，村级以上河道 69.4km，涉及重要区域级河道 1 条，市县级主要河道 25 条。

区域一体与各自为政矛盾。规划区横跨三个区（县）、四个镇，相互之间发展各自为政、缺乏统筹，主要体现在交通不连通、产业不联动、规划不协同三个方面。

2. 工作思路

规划基于"一体化设计"理念，构建全空间全要素规划路径。以乡村地区的全域统筹为研究目标，由全空间覆盖与全要素把控两方面展开探讨。在全空间内，以特征区域内的乡村为研究对象，构建全空间覆盖的三大层次规划体系。镇域空间为全域的宏观层次，重点研究城乡空间优化布局；村庄居民点为微观层次，重点对村庄环境进行整治；同时增加了以镇村统筹为视角的中观层次，推动乡村地区镇村统筹发展，是宏观层次与微观层次之间的连接与补充。在全要素内，规划围绕乡村振兴总目标，将全要素分为产业、生态、文化、风貌、生活五方面进行把控，再从五大要素中分析出村域微观空间与镇域宏观空间的各子要素，并在中观层面进行综合整合，从而梳理出乡村全域统筹规划的技术路径（图 3-42）。

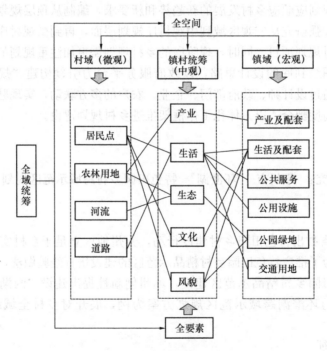

图 3-42　乡村全域统筹规划技术路径

3. 规划内容

根据上述工作思路，将镇村统筹作为乡村全域统筹规划的核心，构建"镇区-精品村-康居村-宜居村"的多层级联动发展思路，通过重点发展精品村、带动周边康居村和宜居村的发展，为康居村和宜居村提供晋升通道，形成规划区的乡村振兴发展路径。因此，精品村的选择是镇村统筹发展的关键。

1）构建双评估体系，筛选特色精品村

规划从区域环境影响力评估和村庄布局特征评估两方面分析村庄居民点发展特征，为精品村的筛选提供依据。

区域环境影响力评估。区域环境影响力评估包括湖荡生态资源影响力评估、镇村产业资源影响力评估、镇村文化资源影响力评估、镇村公服资源影响力评估四个方面（图 3-43），对这四项评估结果加权叠加，形成区域环境影响力评估的结果。从结果可以看出，村庄发展趋势环湖形成价值圈层，周庄对规划区村庄的影响最为明显，主要体现在文化、产业和公共服务方面；锦溪对规划区村庄影响力次之，主要在文化和公共服务方面；而受空间距离的限制，角直和同里对规划区村庄的影响较小。

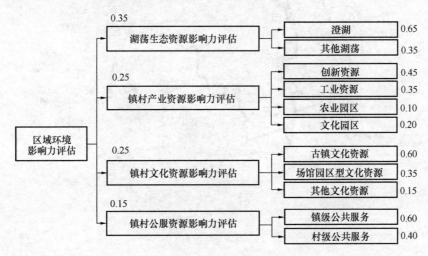

图 3-43　区域环境影响力评估要素体系

村庄布局特征评估。村庄布局特征评估主要从村庄居民点分布特征评估、村庄人口分布特征评估两个方面展开，重点识别现状村庄居民点和人口的空间分布关系，分析村庄与镇区的空间关系，作为精品村选择的重要依据。

精品村选择。统筹考虑村庄居民点区域环境、发展特征以及本地发展诉求，分析精品村与现状道路的耦合关系，对已选择的精品村进行辐射范围分析（图 3-44），在精品村数量固定的情况下，最大化对规划区村庄居民点的辐射带动作用，最终选择出 22 个精品村。

根据精品村的区域环境和发展特征，将其分为镇村生活融合示范、镇村产业融合示范和镇村文化融合示范三大类，并在空间上细分出八个特色示范组团，作为规划区内村庄发展的主要方向（表 3-4）。

规划区精品村一览表		表 3-4

组团分类	特色示范组团	特色精品村
镇村生活融合示范	国际慢城示范组团	田肚浜、东街上、东浜
	康养度假示范组团	席墟、马王浜
镇村产业融合示范	品牌农业示范组团	凌塘、长娄里
	科技农业示范组团	洋溢港、鸭头浜、旺塔
	滨湖乡创示范组团	澄尚
	临镇创新示范组团	三株浜、韩贞、宋家浜、湾里（周庄）、全旺浜、祝家甸
镇村文化融合示范	湿地文化示范组团	肖甸湖、湾里（同里）
	临镇文化示范组团	凌家浜、蜻蜓港、金村

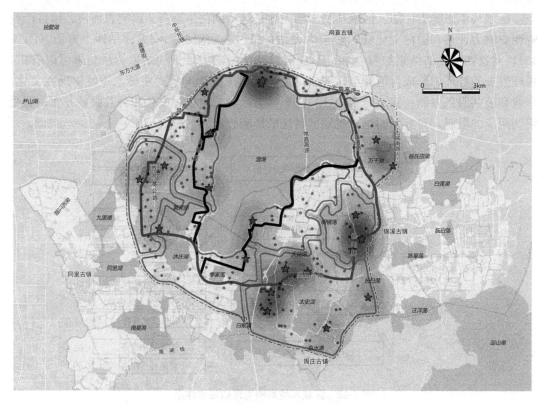

图 3-44　规划区精品村辐射范围模拟

2）构建镇村统筹的全要素发展策略

基于精品村选择和镇村空间关系分析，依托现有道路资源构建"双环"镇村统筹发展骨架。镇村产居联动环是打通现状跨域交通断点，连接村庄居民点和特色产业形成的道路环线，作为镇村产业和生活联动发展的骨架环廊；水乡文化体验环则是打通一条临湖慢行环，连接滨湖重要的特色村点和景观文化要素，将其塑造为展现田园水乡风貌和体验水乡文化魅力的特色环线（图 3-45）。

规划发展策略的构建以中观层次的镇村统筹为出发点，从产业、生活、生态、文化、风貌五类要素着手，形成五个发展策略（图 3-46）。

发展田园水乡经济。镇村产业联动是乡村地区经济发展的核心手段，具体包括农业、文旅和创新联动，通过产业联动实现以镇带乡，促进乡村地区经济发展，达到乡村振兴的目的。

规划建立"1+2"产业发展框架（图 3-47）。"1"为农业联动，依托规划区现有的农业基础，理顺以品牌绿色农业和现代科技农业为核心的农业产业链条，引导周边城镇发展农业服务配套产业，提升农业生产效率和农产品附加值；"2"为创新联动和文旅联动，创新联动主要依托古镇文创和城市科创，挖掘规划区水乡地区的特色价值，为周边城镇提供培训拓展、创客办公等新兴功能业态，为乡村发展注入新鲜血液；文旅联动主要对接周庄、同里、锦溪和角直四大古镇的文化和旅游服务资源，依托规划区水乡差异化发展，重点在文化体验、休闲农业和康养休闲方面形成旅游特色。在产业空间布局方面，基于上述产业发展框架，分别谋划八个特色示范组团产业发展思路，并形成具体的产业项目，指引

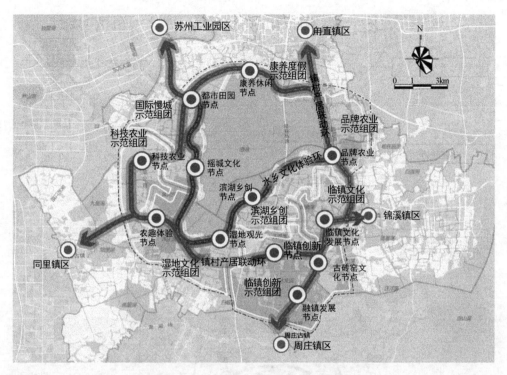

图 3-45　规划区镇村联动发展结构图

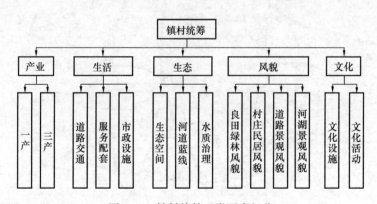

图 3-46　镇村统筹五类要素细分

微观层次的精品村、康居村和宜居村的发展。

　　改善田园水乡生活。生活要素主要为道路交通和服务配套，应着眼于跨行政区的交通连接、服务配套和市政设施统筹。道路交通方面优化形成"高速公路-省道-区域性道路-村庄干路-村庄支路"的五级道路系统，重点连通跨行政区的道路，形成环湖环线，构建环线与周边城镇的连接通道，加强"镇-村"和"村-村"的联系度（图 3-48）。

　　服务配套方面构建"基础生活圈-拓展生活圈"的两级生活圈体系。基础生活圈以行政村为单元，重点配套满足村民最基本日常生活需求的设施。拓展生活圈以八个特色示范组团为单元，重点补足基础生活圈与城镇配套之间的空白，进一步提升乡村地区的现代化服务配套水平。

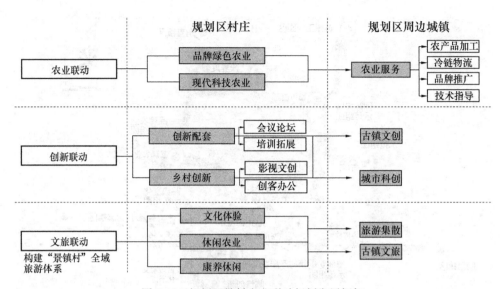

图 3-47 规划区镇村产业联动规划发展框架

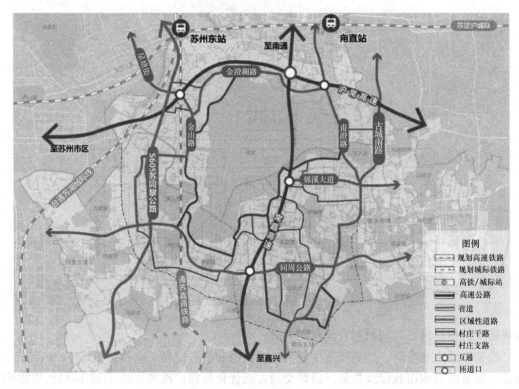

图 3-48 规划区道路系统规划

保护田园水乡生态。跨行政区的乡村生态保护应从三方面展开：①落实生态管控，重点落实生态保护红线，对红线内村庄居民点和农田提出空间调整意见；②划定河道蓝线，梳理现状水网，构建"区域级-市县级-村级"三级河网体系（图 3-49），提出河网分级管控原则；③治理措施，需提出河湖水质治理手段、河湖驳岸建设形式以及河湖防洪体系等。

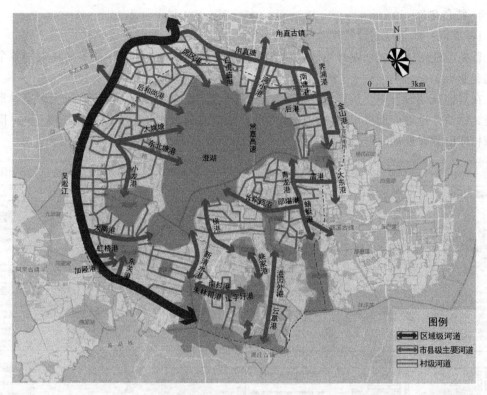

图 3-49 规划区河网体系规划

提升田园水乡风貌。乡村整体风貌由良田绿林风貌、村庄民居风貌、道路景观风貌和河湖景观风貌四个方面构成（图 3-50）：①良田绿林风貌方面，整治主要道路两侧 100m 范围内的田园景观，结合现状农业发展特征，规划特色农业景观节点，展现乡村地区农业风貌特色；②村庄民居风貌方面，在特色精品村、康居村、宜居村建设的基础上，重点提升主要道路两侧 50m 范围内建筑风貌，明确建筑立面、屋顶色彩和材质的引导原则，提出重要节点建筑的墙绘主题和风格，引导区域内乡村民居风貌协调统一；③道路景观风貌方面，统一道路路面材质和慢行道色彩，统一道路绿化对乡土植物种植形式的要求，统一沿路标识牌、公交站台、路灯、公告牌、垃圾箱、市政设施等设施的设计和建设标准，体现乡村风貌特色；④河湖景观风貌方面，统一驳岸、绿化种植设计和建设标准，构建环湖风景慢道系统。

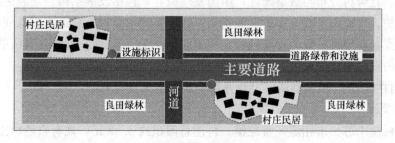

图 3-50 乡村风貌要素关系

4. 特色创新

1）贯彻一体化规划设计理念

首先组建一体化规划设计团队，包含策划、规划、景观、建筑专业等村庄规划各个阶段的专业人员。

在具体规划设计中，从产业发展、生态保护、交通体系、配套设施、风貌形象、景观环境、建筑改造等方面提出规划和设计方案，并形成项目库和引导图则（图 3-51），指导区域村庄的建设发展。

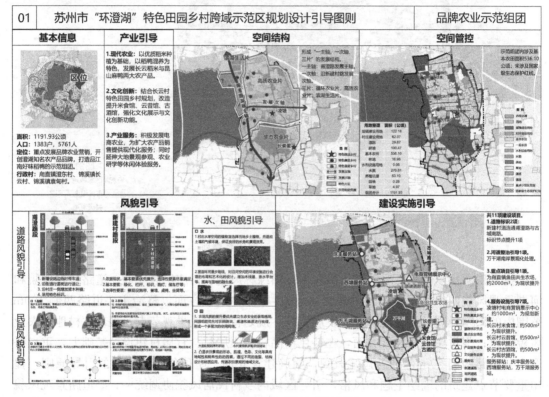

图 3-51　组团规划设计引导图则

2）实施多层次精细化发展建设指引

依据空间结构，从四个方面对每个示范组团进行详细发展引导。特色村庄培育，精品村、康居村、宜居村分布与数量统计；组团发展引导，包括发展结构、发展主题、产业引导、生态保护、文化彰显等方面的发展指引；建设实施引导，汇总道路交通项目、河道整治项目、重点农业项目、服务设施项目；项目投资估算，详细告知各类项目单价、面积、建设内容、用地来源、完成年限、责任部门。

3.4.3.2　村庄规划：相城高新区冯梦龙村全域旅游发展规划

1. 项目概况

冯梦龙村位于苏州市相城区黄埭镇。村庄总面积约 3.8km²，现有自然村庄 18 个，总人口数为 690 户，2659 人。这里丰衣足食，是勤廉知县冯梦龙的原乡；这里晴耕雨读，是文学巨匠冯梦龙的故里。

2. 工作思路

冯梦龙村本身有着深厚的文化底蕴和产业特色，如何在乡村振兴的战略背景以及特色田园乡村示范点的发展机遇下，找准村庄的市场定位，挖掘冯梦龙村的文化及产业特色卖点，做足乡村全域旅游文章，是规划的研究重点（图 3-52、图 3-53）。

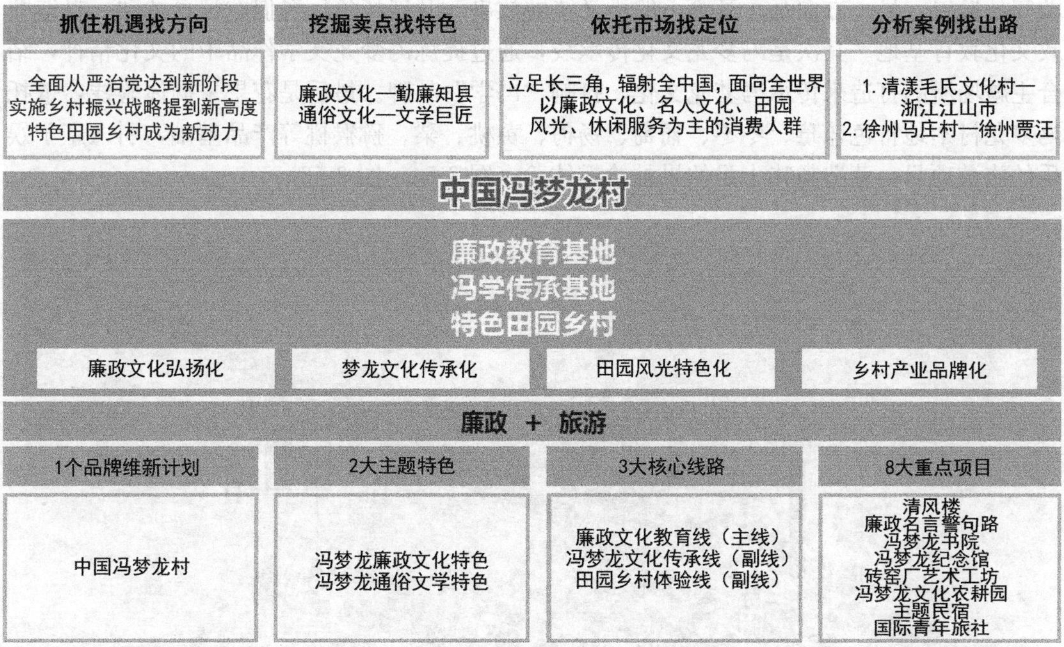
抓住机遇找方向
挖掘卖点找特色
依托市场找定位
分析案例找出路
全面从严治党达到新阶段
实施乡村振兴战略提到新高度
特色田园乡村成为新动力
廉政文化—勤廉知县
通俗文化—文学巨匠
立足长三角，辐射全中国，面向全世界
以廉政文化、名人文化、田园
风光、休闲服务为主的消费人群
1. 清漾毛氏文化村—
浙江江山市
2. 徐州马庄村—徐州贾汪
中国冯梦龙村
廉政教育基地
冯学传承基地
特色田园乡村
廉政文化弘扬化
梦龙文化传承化
田园风光特色化
乡村产业品牌化
廉政 + 旅游
1个品牌维新计划
2大主题特色
3大核心线路
8大重点项目
中国冯梦龙村
冯梦龙廉政文化特色
冯梦龙通俗文学特色
廉政文化教育线（主线）
冯梦龙文化传承线（副线）
田园乡村体验线（副线）
清风楼
廉政名言警句路
冯梦龙书院
冯梦龙纪念馆
砖窑厂艺术工坊
冯梦龙文化农耕园
主题民宿
国际青年旅社

图 3-52　规划思路框架

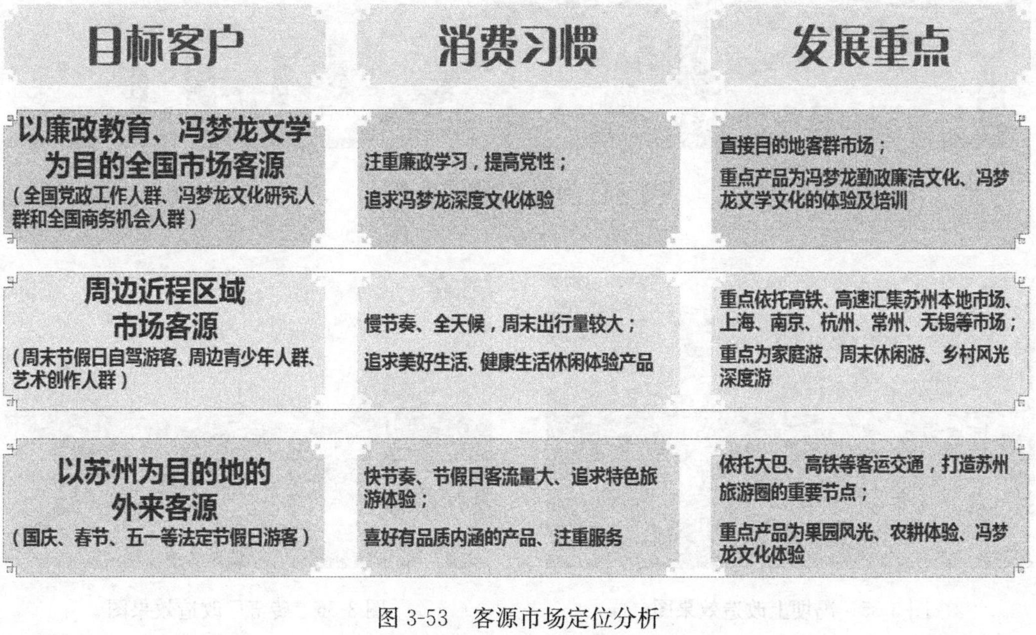
目标客户
消费习惯
发展重点
以廉政教育、冯梦龙文学
为目的全国市场客源
（全国党政工作人群、冯梦龙文化研究人群和全国商务机会人群）
注重廉政学习，提高党性；
追求冯梦龙深度文化体验
直接目的地客群市场；
重点产品为冯梦龙勤政廉洁文化、冯梦龙文学文化的体验及培训
周边近程区域
市场客源
（周末节假日自驾游客、周边青少年人群、艺术创作人群）
慢节奏、全天候，周末出行量较大；
追求美好生活、健康生活休闲体验产品
重点依托高铁、高速汇集苏州本地市场、上海、南京、杭州、常州、无锡等市场；
重点为家庭游、周末休闲游、乡村风光深度游
以苏州为目的地的
外来客源
（国庆、春节、五一等法定节假日游客）
快节奏、节假日客流量大、追求特色旅游体验；
喜好有品质内涵的产品、注重服务
依托大巴、高铁等客运交通，打造苏州旅游圈的重要节点；
重点产品为果园风光、农耕体验、冯梦龙文化体验

图 3-53　客源市场定位分析

3. 规划内容

按照"廉政文化教育线、冯梦龙文化传承线、花果采摘体验线"三条线打造"中国冯梦龙村"。

首先是廉政文化教育线，一方面基于冯梦龙其人"与梅同清""一念为民之心"的勤廉知县形象，另一方面基于其笔下的正义清廉故事，开展特色反腐倡廉教育活动，打造廉政文化教育基地。其次是冯梦龙文化传承线，通过提炼冯梦龙文学作品中的文化精神，结合主题场所的打造来传承冯梦龙文化、打响"冯学"品牌。最后是花果采摘体验线，依托冯梦龙村本地特色蓝莓、冬枣、葡萄、杨梅、黄桃、梨、猕猴桃等产品基础，引入亲子娱乐的旅游项目，营造趣味十足的果林拾趣体验（图3-54～图3-56）。

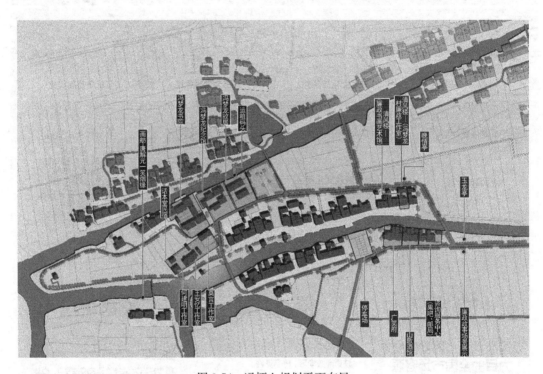

图 3-54　冯埂上规划平面布局

图 3-55　冯埂上改造效果图

图 3-56　砖窑厂改造效果图

4. 特色创新
1) 文化品牌塑造

以"中国冯梦龙村"文化品牌为核心，深度挖掘历史文化底蕴，结合移植古建、场景重塑、民居风貌保护等措施再现古村风貌。以清风楼、廉政文化教育园、冯梦龙故居、纪念馆、书院等实体空间载体，以廉政讲堂、影视教育、古戏台、山歌会等文化展示窗口，共同塑造"冯梦龙廉政文化、冯梦龙通俗文学"两大特色核心品牌（图3-57、图3-58）。

图 3-57　冯梦龙纪念馆建成图　　　　图 3-58　冯梦龙广笑府、山歌馆建成图

廉政文化品牌塑造。冯梦龙廉政文化主要体现在两个方面，一方面是对于冯梦龙寿宁为官时的勤廉知县事迹的参观与学习，包括设陷除虎患、简政轻赋役、贿银修学宫、巡游巧安排、巧断偷衣案等事迹。另一方面是基于冯梦龙笔下的乔太守、陈御史、包青天、况青天、西门豹等清官断案的故事，通过专家讲堂、戏台表演等形式开展学习培训等教育活动。

通俗文学品牌塑造。结合冯梦龙文学作品中经典桥段场景的复原，于场景中演绎广为熟知的作品选段与活动，深度体会文学作品的内涵寓意，与冯梦龙笔下的经典人物来一场时空对话，提升村庄的文化影响力。比如唐解元一笑姻缘：以唐伯虎和秋香的相遇之处为场景，在码头处设计画舫船，隐喻唐解元一笑姻缘的故事；苏小妹三难新郎：以小妹和夫君泛舟的莲池盛会为场景，以叠字诗为亮点，突显冯梦龙的文学才华。

2) 一体化设计

设计团队从一开始就制定了规划、建筑、景观联合设计方针，着力打造可以落地的规划。团队首先完成冯埂上特色田园乡村规划，找出村庄特色和价值引爆点。随后团队开展全域旅游发展规划，并最终将规划落地，进行建筑、景观的方案深化与施工图设计。

3.4.3.3　村庄规划：无锡滨湖区马山街道阖闾社区村庄规划
1. 项目概况

阖闾社区位于无锡市太湖度假区马山街道南部，毗邻无锡太湖国家梅梁湖风景区。村庄东以胥山、龙山山脉作为屏障，南临太湖、直湖港，水网密布，河流湖泊众多。阖闾社区包含10个自然村点，村域总面积5.26km²，农林用地占比较大，以茶叶种植为特色。村庄是吴文化的发祥地，也是春秋时期伍子胥奉吴王阖闾之命建城所在地，已建成"吴都阖闾城遗址"及"阖闾城遗址博物馆"。

2. 工作思路

规划以乡村振兴为总目标，通过生态优先、文化引领、产业振兴等发展路径，形成

"阖闾模式",指导村庄发展,最终实现"千年古邑、山水阖闾"的发展愿景。

生态优先,践行"绿色阖闾"发展理念。腾退复垦村庄内污染工业企业,改良土壤环境;分段治理村内的水体,构建水生态系统,提高水环境的观赏性及经济性;改造低效林,提高山林生态质量和景观水平;加强对山洪灾害常识及预警报告知识培训,做好山洪灾害预防。

文化引领,传承"人文阖闾"文化精神。整合现状各类文化,提炼核心文化品牌,并结合"一馆、一园、一环"等载体,全方位实现阖闾文化的传承和利用。

产业振兴,促进"共同体阖闾"融合发展。依托原有的农业产业基础,引入社会资本,打造以"小南湾乡创共同体"为核心的农文旅融合发展路径。开发三大高质农产品牌:小田茶事、小田大米、小田榨,发展农技教育产业,形成一、二、三产的融合发展。

3. 规划内容

规划围绕基地"依山面湖、江南水乡"的自然地貌特征,按照各个片区的发展特色,划分"田园乡村休闲、特色果园种植体验、阖闾影视娱乐、阖闾遗址观光、传统村落度假"五大主题片区。

三带引领,四核驱动。围绕"刘闾综合服务带、直湖港航运带、环太湖生态观光带"三条发展带和"阖闾文化体验核、乡村旅游服务核、阖闾遗址观光核、文博休闲度假核"四大核心,形成整个阖闾社区未来发展的空间结构基底(图3-59)。

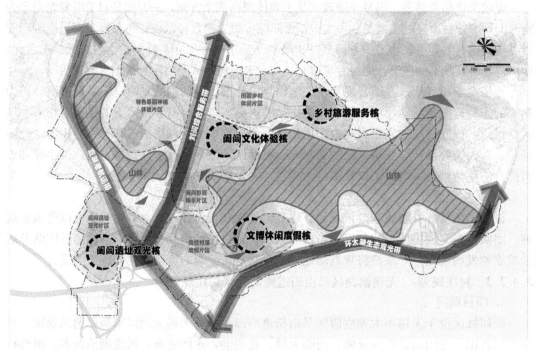

图 3-59 村庄规划结构

塑造"一村一品",充分挖掘每个村的特色元素,将文化传承和特色彰显细化到具体空间和景观设计中;农业即景观,利用生态治理后的农业,发挥农业空间的景观价值(图3-60)。对传统建筑风貌进行要素提炼,充分利用本土材料、运用新技术对传统风貌进行当代演绎。

图 3-60　广场空间效果图

4. 特色创新

乡创共同体，多方参与建设。由政府部门牵头，联合规划设计团队、村集体、村民代表以及投资、建设、运营等多元主体组成阖闾乡创共同体，共同推进村庄规划工作。

规划设计师驻村，陪伴乡村发展。通过规划设计师驻场全程参与从规划设计到建设实施再到运营组织的各阶段工作，全程陪伴乡村落实各阶段规划，保证项目顺利落地，协助项目正常运转。

3.4.3.4　村庄建设：吴江区七都镇陆家港特色田园乡村规划

1. 项目概况

开展特色田园乡村建设是江苏省全面推进乡村振兴战略、实施乡村建设行动的重要抓手，位于吴江七都镇陆港村的陆家港为第七批次苏州市特色田园乡村（特色精品乡村）。

陆家港坐落于太湖南畔，既是七都镇浦江源渔耕水韵片区的重要节点，又是太湖沿岸线路的重要文化节点。村庄以养殖太湖蟹为主，其次为耕地、林地，耕地主要有水稻、香青菜等各类作物；村庄范围内现存传统老房子约 27 套，大部分都具有较大的保护和利用价值；产业上村庄范围内一产主要为养殖坑塘，二产主要有手工业、纺织业及红木家具制作，但整体现状产业对村庄本地居民的发展带动能力较弱。

2. 工作思路

规划希望打造"烟波渔隐，梦回陆港"的陆家港村。这里的"烟波"指的是陆家港曾经繁盛的商业文化，如茶楼、百货、米店、布店等诸多的生活配套商业，规划希望通过一定的改造能够恢复水乡的商贸烟火气；"渔隐"主要指传承陆龟蒙隐士文化，包括他在陆家港隐居时期的农耕、茶渔休闲生活，规划希望能够打造出一个陆龟蒙渔隐文化品牌村。

3. 规划内容

以产兴村是乡村振兴的重要途径，规划对该村产业制定了提升路径，首先是一产，规划着重产业的升级和农业附加值的提高（图 3-61）。产业的升级主要通过成立统一运作平

图 3-61　一产升级路线

台、多渠道提升生产质量、创立特色品牌农产品以及构建多元化销售渠道等方式实现。农业附加值的提高可以通过一、三产业的联动形式来实现，包括田间亲子游戏、共享菜园、认领一片果树等。

其次是三产，规划强调旅游功能的拓展延伸，结合水乡餐厅、太湖溇港观光、主题民宿、陆龟蒙文化馆、主题集市、节庆活动等业态的打造，实现在规划范围内就能"食住行游购娱"的旅游链条（图 3-62）。

图 3-62　三产延伸路线

规划"一纵、两横、六片"的功能结构，一纵即是沿着陆家港的陆港水街文韵轴；两横分别是沿着太湖湖堤路的湖云生态景观廊及沿着湖塘路的太湖休闲商贸廊；六片分别指的是北部的太湖观光片区、西部的鲁望度假村、中部的太湖驿站和施家民宿村、南侧的休闲田园片区、东侧陆港水街片区（图 3-63）。

4. 特色创新

塑造特色品牌体系。规划主要从品牌特色、品牌故事、品牌推广、品牌策划及品牌激励五个方面打造陆龟蒙文化品牌（图 3-64）。

建设文化主题菜园。以本地水产特色太湖蟹的形象、陆龟蒙《耒耜经》中关于铲、耙、犁等农具的描述以及陆龟蒙隐居养鹅的故事为主题，设计蟹主题形态（图 3-65）、鹅主题形态（图 3-66）的菜园。通过卡通蟹及鹅的轮廓线形式对菜地进行分割，并结合不同品种的菜品、蟹或鹅主题的小品及雕塑，增加美丽菜园的趣味性和观赏性。

图 3-63　功能结构规划

图 3-64　陆龟蒙特色品牌塑造

图 3-65　蟹主题菜园效果图

图 3-66　鹅主题菜园效果图

3.5 国土空间规划

3.5.1 国土空间规划背景及问题

2019 年 5 月，中共中央、国务院发布《关于建立国土空间规划体系并监督实施的若干意见》，对国土空间规划的定义为是国家空间发展的指南、可持续发展的空间蓝图，是各类开发保护建设活动的基本依据。同时，该意见明确提出建立"五级三类四体系"的国土空间规划体系（图 3-67），将主体功能区规划、土地利用规划、城乡规划等空间规划融合为统一的国土空间规划，实现"多规合一"。这一文件确立了国土空间规划体系的法律定位，是国家顶层设计和重大部署。

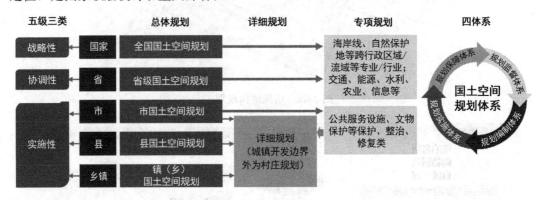

图 3-67 国土空间规划"五级三类四体系"

国土空间规划不是突然迸发出的"新产物"，而是在我国城乡建设不断发展的实践中以及中外思想融合和技术的不断完善中慢慢孕育出的"进阶规划"。由于我国政府管理的模式，涉及编制审批规划部门众多，其需求和关注的重点也不同，往往无法统筹考虑，故而存在各类规划"相互打架"的现象。党的十八大以来，国家将生态文明建设纳入中国特色社会主义事业的总体框架，明确要优化国土空间开发格局。原先"各自为政"的规划体系因缺乏全局性、总体性、系统性、统筹性而无法适应生态文明建设的新要求。2014 年 8 月，四部委联合发布《关于开展市县"多规合一"试点工作的通知》，提出在全国 28 个市县开展"多规合一"试点，将经济社会发展规划、城乡规划、土地利用规划、生态环境保护规划等多个规划融合到一个区域上，实现一个市县一本规划、一张蓝图，解决现有各类规划自成体系、内容冲突、缺乏衔接等问题。"多规合一"发起了国土空间规划体系建立的开端，此后国家又陆续推出各项政策，逐步推进国土空间规划体系建立的步伐。2015 年 9 月，中共中央、国务院发布《生态文明体制改革总体方案》，进一步强调构建以空间治理和空间结构优化为主要内容，全国统一、相互衔接、分级管理的空间规划体系，整合各部门编制的各类空间，编制统一的空间规划；2017 年 1 月，中共中央、国务院印发《省级国土空间规划试点方案》，明确开展空间规划改革，以建立健全统一衔接的空间规划体系、提升国土空间治理能力和效率为目标；2018 年 4 月，自然资源部挂牌成立，明确将主体功能区规划、城乡规划、土地利用规划等空间规划职能统一划到自然资源部，由其承担"建立空间规划体系并监督实施"的职责；2019 年 5 月，自然资源部发布《关于全面开展国土空间规划工作的通知》，全面启动国土空间规划工作。

经过数年探索，国土空间规划体系逐渐完善。但是国土空间规划是在新发展阶段的全新探索，无范例可遵循，各地征求意见稿还有待根据社会各方面反馈进行调整，最终完善落实。国土空间规划必然有一个逐渐成熟与进阶的过程，当前的问题是需要不断完善相关法律法规、规范标准，同时，还需要转变旧有的思维方式，将新发展理念融合到过往的经验总结中去，如何平衡保护与发展、公平与效率、约束与激励、责任与利益仍然是国土空间规划需要思考与解决的问题。

3.5.2　理论运用和技术措施

一体化规划设计是在遵循可持续发展、生态绿色发展、创新驱动发展、产城融合发展等先进规划理念的指导下，对项目的"横向"和"纵向"的关联，将项目涉及的要素作为一个整体统筹考虑，使整个项目更具有科学性、实施性和落地性。

国土空间规划是全域全要素全周期规划，从编制原则上来看，国土空间规划编制需要遵循"生态优先、绿色发展""以人为本、高质量发展""区域协调、融合发展""因地制宜、特色发展""数据驱动、创新发展"原则；从"横向"上来看，国土空间规划项目涉及专业众多，包括城乡规划、土地管理、地理、生态、建筑、交通、市政等专业，规划设计时需要各专业人员互相协调、配合，在设计过程中贡献专业知识，进行同平台一体化设计；从"纵向"上来看，国土空间规划层级为"全国-省-市-县-镇（乡）"，是"自上而下"的传导过程，同时也是"自下而上"的反馈过程，"上下互动"的规划联动更有利于制定合理的规划；从周期上来看，国土空间规划是各类具体保护与开发建设项目的保障源头，在具体实施周期内国土空间规划也不是"一锤子买卖"，而是需要与实际的产业招商、具体建设项目相关联，留有弹性，底线刚性约束与发展弹性需求相结合。

根据国土空间规划的项目特点，一体化规划设计亦应采用与项目特点相契合的技术措施：①转变"重发展轻保护""重城市轻农村"的规划理念，将"保护"与"发展"相结合，将"城市"和"乡村"相统筹；②配备专业多样性的项目组人员，融合多领域专业知识，各专业人员统筹作业、共同推进；③采用"上下互动""左右逢源"的工作模式，"上下"上与垂直管理部门沟通反馈、协调配合，"左右"上与相关部门齐头并进、统筹发展；④采用"刚弹结合""留有余地"的规划设计方法，在整个项目周期中"陪伴式"服务，根据项目实践依据法律法规动态调整。

3.5.3　实践案例

3.5.3.1　泗洪县双沟镇国土空间规划

1. 项目概况

1）宏观背景

国土空间规划是国家空间发展的指南、可持续发展的空间蓝图，是各类开发保护建设活动的基本依据。建立国土空间规划体系并监督实施，将主体功能区规划、土地利用规划、城乡规划等空间规划融合为统一的国土空间规划，实现"多规合一"，强化国土空间规划对各项专项规划的指导约束作用，是党中央、国务院做出的重大部署。

根据"五级三类四体系",镇(乡)级国土空间规划是乡镇建设规划许可的法定依据,体现落地性、实施性和管控性,突出土地用途和全域管控,对具体地块的用途做出确切安排,对各类空间要素进行有机整合。

2)发展要求

宿迁市政府提出实施"中国酒都"建设六大工程,即酒业倍增工程、特色酒都建设工程、"三品"提升工程、酒文化传承工程、酒旅游发展工程、酒产区保护工程。到2023年,形成融名酒古镇、酿酒基地、酒庄酒街、技艺展演、文化传承、康养旅游于一体的"中国酒都"格局。

此外,宿迁全力打造宜居宜业现代化的9个小城市,小城市建设是宿迁构建"1129+N"城镇体系格局的重要举措,也是推进"四化"同步集成改革示范区建设的有力探索。坚持用区域核心区建设的思维,着力提高建成率、配套率和达标率,加快完善功能配套,形成各自特色。力争近期到2025年,各小城市建成区面积达7~10km²、常住人口达5~8万人,期间年均工业产值增长不低于20%;远期到2035年,各小城市建成区面积达10~18km²、常住人口达8~15万人,期间年均工业产值增长不低于15%。

3)规划基础

规划范围为江苏省宿迁市泗洪县双沟镇行政辖区,总面积193.54km²。规划期限与上位规划期限一致,近期至2025年,远期至2035年,远景展望至2050年。规划基础数据以第三次全国国土调查为基础数据,以地理国情普查、地质环境调查和海洋、森林、草原、湿地、矿产等专项自然资源调查监测成果为补充,统一采用2000国家大地坐标系和1985国家高程基准作为空间定位基础。

4)基础研判

双沟镇是江苏省宿迁市泗洪县下辖镇,位于泗洪县西南岗,处苏皖两省四县交界处,地处淮河生态经济带"干流绿色发展带",泗洪县的南门户。总面积193.54km²,包括原双沟镇、峰山乡、四河乡,目前下辖16个社区,21个行政村,2个生活区,1个林业站,镇人民政府驻汤南社区。户籍人口规模11.19万人,常住人口规模5.38万人(2020年)。重点产业包括酒类酿造、农业种植、文化旅游。

5)空间基础

以三调为基础进行基数转换,双沟镇现状国土空间用地用海构成:农业空间:15201.57公顷,占比78.54%;建设用地:2412.89公顷,占比12.47%;未利用地:1739.58公顷,占比8.99%。

6)优势与问题

双沟镇整体呈现三大核心优势、五大问题短板。三大核心优势为:城市副中心,宿迁南门户;大湖近城,蓝绿交织;主导产业强势,集群化发展。五大问题短板为:底线约束多,保护任务重;发展不均衡,空间有限;人口外流、老龄化严重;设施单极化,镇区亟须提级;风貌缺乏特色,意向不显。

2. 工作思路

泗洪县双沟镇国土空间规划工作推进分为解读、谋划和行动三个阶段。阶段一是对宏观背景、发展诉求和现状特征进行解读;阶段二是确定发展定位和目标体系,从而落实国土空间格局优化、土地整治和生态修复、乡村发展布局、控制线落实、要素配置和集镇区发展；阶段三是分解落实要求、实施保障体系、形成高效的问题和建议反馈机制。通过三个阶段的工作分解和推进，形成双沟镇国土空间一张蓝图，同时与县级国土空间总体规划形成良好的传导和反馈（图 3-68）。

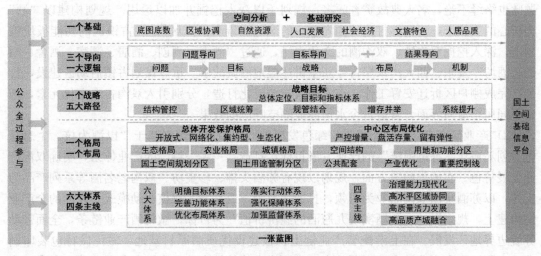

图 3-68　规划技术路线

3. 规划内容

规划提出"湿地酒城，古镇双沟"的总体定位，秉承特色、生态、协作、引领发展理念，目标将双沟镇打造成为"中国酒都副中心、江淮生态旅居地、苏皖边界先行区、西南岗中心城市"。

规划实施定框架、守底线、促发展、强设施、塑风貌五大策略：

1）定框架。规划围绕基地"依河面湖"的生态本底，结合各片区的发展特色，镇域形成"一轴一环，一核四区多点"的空间结构。镇区形成"一心两轴两区"的功能布局。

2）守底线。规划结合上位规划指引与城镇未来发展需求，落实城镇开发边界、国家级生态保护红线、省级生态空间管控区、永久基本农田保护红线等相关要求。

3）促发展。通过空间统筹构建"一城＋两片＋多点"的三级城乡体系；深度挖掘各个重要村点的特色资源，重点打造七个特色田园乡村。加快对接落实高铁枢纽、高速公路、航运枢纽等重大基础设施建设，完善双沟小城市对外通道，强化道口经济。

4）强设施。规划按照"六个中心"建设要求为双沟镇配套区级公共服务设施，提升双沟城市能级，打造苏皖边界地区的公共服务中心。同时，按照城乡公共服务一体化原则，构建"片区级-社区级-居民点"三级公共服务体系。在绿地系统方面，规划以酒城公园为核心，构建"综合公园-专类公园-游园"三级体系的绿地系统。在道路系统方面，规划形成"三纵五横"的干路网结构，并配备完善的公共交通设施。

5）塑风貌。规划以优化城镇空间形态，塑造具有双沟特色的城市风貌为首要任务，总体打造"两轴四核两片区"的镇区风貌格局。以古镇风情风貌区为例，在建筑风格上规划以多层居住区和低层老街为主，在建筑色彩上以青砖墙面和灰色系屋顶为主，整体塑造"典雅、古韵、文化"的古镇区风貌。

围绕城市特色构建了三个专题：

1) 文旅专题：以酒为核、文旅融合的要素谋划。双沟镇是中国自然酒的发祥地之一，历经数千年的发展，双沟酒更具有深厚的文化底蕴，而伴随双沟酒产生的民间传说与名人题咏也络绎不绝，名人典故赞誉颇多，规划予以深入挖掘并加以运用。规划构建以"酒"为核心的文旅产业，精心打造"国内唯一的湿地高端名酒产区"。在古镇区的功能板块策划上，深入挖掘双沟镇、双沟酒的文化内涵，通过"酒市、酒创、酒居、酒宿、酒舍、酒韵、酒坊"及东、西大沟水岸古今新生讲述湿地酒城故事。重点谋划古镇启动区建设，目前已完成棚户区拆迁安置工作。东、西大沟差异化打造，分别引入双沟古今文化元素，塑造不同风格沿河界面，营造古今水街商业隔空呼应的效果。

2) 产业研究专题：生态优先、绿色发展的产业道路。规划基于"以酒为核、生态绿色、创新协作、补链强链"的产业发展目标，打造"一主一特"的产业体系，明确双沟产业发展特色。在酒类酿造方面，规划以现有苏酒头排、珍宝坊、双沟老名酒等系列产品为支撑，以苏酒集团双沟酒业为引领，打造"原酒+成品酒"双核驱动模式。在酒的全产业链构建上，规划以"一瓶酒实现九瓶酒的经济价值"为目标，做粗酒产业链条，全面带动苏皖边界地区发展。在上游配套产业链上积极建设优质酒原料基地，做优做特包装印刷业；在下游配套产业链上，不断壮大以白酒为主体的综合性生产性服务业，建立以白酒为主体的运营平台，并结合双沟农文旅发展，鼓励酒企营销创新，最后打造双沟酒类贸易基地。

3) 厂镇一体专题：厂镇一体、产城融合的发展模式。规划形成"左城右产"空间格局，以双沟镇主导的城市建设为基础，以双沟酒业为龙头的产业做保障，驱动城市更新和完善服务配套，以达到产业、城市、人之间活力、和谐发展的模式。规划促进双沟酒业与双沟镇深度合作，完善优质教育配套、优质医疗服务、高品质住房服务、现代物流服务等各类配套，并预留双沟酒业发展空间，推动厂镇一体，全面发展。此外，规划还提出双沟镇与双沟酒业共建"酒庄+古镇+商街+公园"的魅力酒城格局，以实现厂镇融合发展。

4. 特色创新

1) 规划理念创新

传统规划多以经济建设为中心，重开发而轻保护、重建设而轻治理，因无序开发、过度开发造成了优质耕地和生态空间占用过多、生态破坏和环境污染等问题。忽略了与环境生态协调发展的重要性，需要转变价值取向，注重质量、协调、存量、特色、生态及治理，提高城市和区域的发展质量。党的十八大以来，生态文明被提到了前所未有的高度，但落位到规划编制与实施方面的具体举措尚未完善，城市建成区外绵延的各类用地、生态空间等缺失规划管理。双沟镇国土空间规划中，以生态约束作为规划的方法手段，将生态理念融入规划形成新型空间规划逻辑，从生态文明的高度来提升资源的节约程度及生态环境的保护力度，促进产业结构增长方式与消费模式的协调。

2) 编制技术创新

在已开展的各层级国土空间规划编制实践中，随着技术的变革和成熟，新技术应用已进入常态化，从多个方面支撑规划实践。信息技术在城市研究中的应用，包括城市数字可视化、城市度量的应用和城市模型构建等。信息技术的应用为城市研究与规划带来了新的机遇和挑战。双沟镇国土空间规划中，嵌套使用新技术，建立国土空间详细规划工具体系，充分利用 GIS、BIM 和大数据等信息技术。通过 GIS、BIM 技术建立城镇三维模型，有助于规划工作者直观理解城市空间特征；基于大数据技术，预测城镇未来发展的趋势，根据政策走向选择最优解来落实规划，提升整体的规划效率。

3) 工作机制创新

乡镇国土空间规划以实现各类国土空间要素精准落地为目的。城镇居民是规划对象也是规划受益者，双沟镇国土空间规划编制过程中，通过微信公众号、资规部门宣传等途径，开展城镇居民公众参与专项活动，充分征求居民的意愿，积极推进自下而上的共同规划模式，使城镇将来的发展更切合居民的意愿，也会大大提高规划成果的可实施性。

3.5.3.2　苏州市相城区中心城区 XC-c-040-13 基本控制单元控制性详细规划调整

1. 项目概况

1) 区位及范围

相城高新区 13 基本控制单元位于元和街道北端，北接高铁新城，是相城中心城区北部门户。规划范围北至北河泾、东接澄阳路、南至富元路、西邻相城大道，用地面积 1.67km²。

2) 编制背景

苏州部署推进产业用地更新"双百"行动暨工业用地提质增效工作，强调走集约、集聚、节约的路子，在存量土地更新利用、低效用地再开发等方面做出更大探索。"十四五"时期，要有序推动工业用地收储，变"项目等土地"为"土地等项目"，提高对优质项目落地的承载力；要以产业转型为突破口，重点实施好产业用地更新"三年攻坚"计划，储备一批优质地块、打造一批先行示范区、落地一批典型项目、优化一套考核机制、集成一套政策工具，为打造数字经济时代产业创新集群、建设更美好的苏州打开广阔空间。

元和科技园是相城高新区近期产业转型提升发展重点打造项目，作为街道产业高标准高质量发展示范点，为满足街道发展诉求，需尽快进行相应规划编制，确保项目顺利推进。

单元外围包括区域性主干道太阳路和相城大道，主干道富元路和澄阳路，对外与北侧高铁新城联系不畅，现有相城大道交通负荷大；内部道路网密度不足，次干路和支路建设有待完善。

现状建筑层数以低层为主，层数普遍不高，企业厂房层数多为 1~3 层，商住建筑为 3~4 层，职工宿舍为 6 层。现状建筑质量普遍不高，一类建筑占比较少，主要以居住建筑为主；二类、三类建筑多为厂房。

2. 工作思路

规划以"相城云厅、创享绿谷"为发展愿景，提出打造科技产业发展增长极、存量工业更新示范区、品质生活社区新典范的总体定位。

通过对规划地区的现状把握，以及上位规划、现有规划、关联规划的回顾，同时与现有综合交通规划、城市设计等规划协调，对基地控制性详细规划进行更新调整。主要包括：土地使用规划、综合交通体系规划、低碳生态规划、地下空间开发利用规划、市政公用设施规划、综合防灾规划等内容。

3. 规划内容

1) 产业提升, 推进工业用地提质增效

提升工业用地节约集约利用水平和产出效益, 调整原一类工业用地为 Ma 工业研发用地及 A35 科研用地, 形成产业地产全新升级版。科研用地是产业发展的重要土地载体之一, 与一般的工业用地（M）相比, 科研用地更倾向于吸纳研发、孵化、高新技术等都市型产业, 物业功能及形态更类似于商务办公楼; 同时, 它又能实现传统商务办公物业无法满足的试验、产品定制、样品制作等功能, 通过腾挪空间、整合资源、提高产业效益, 实现更高质量的发展（图 3-69）。

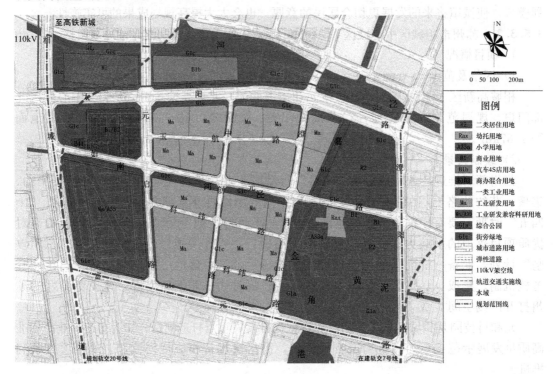

图 3-69　用地规划

2) 产城融合, 优化创新发展环境

单元控规面向以科创人才需求为导向, 布局多元共享的生产性和生活性服务配套, 促进创新人群和要素的互动交流, 聚集园区创新活力, 提供均衡优质的教育服务、便捷完善的休闲服务和活力多元的文化体育服务。通过连廊和平台的公共通道保持线性贯通, 打造园区"第二地面", 作为产业服务平台的延伸, 强化聚落产业集聚和配套设施共享, 集创新、休闲、服务、运动于一体, 建构立体开放空间, 成为营造、激发创新的空间。

3) 基础保障, 完善基础设施条件

秉承"公共交通全域化"原则, 结合已建主干道系统, 确保片区各地块与周边片区之间的联系, 打造绿色的交通系统（图 3-70）。

倡导公共交通出行, 社会车辆地下化。打造换乘枢纽, 结合地下综合开发利用, 作为地块公共交通辐射点, 实现地铁、常规公交、小汽车、自行多种交通方式衔接换乘, 枢纽站点与其他地块建筑一体化设计。同时, 规划将市政交通、园区智能公共交通和慢行交通

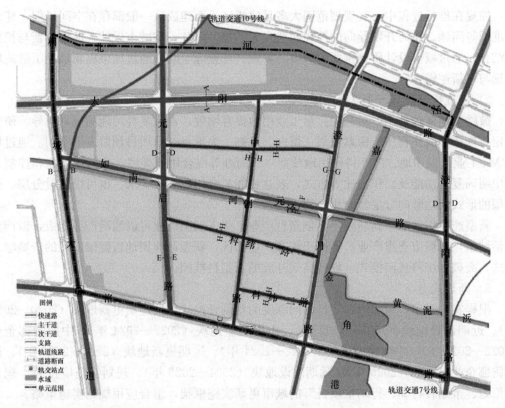

图 3-70　道路系统规划

在立体空间上进行分层设计，降低过境交通对园区活动的影响。

品质提升，塑造多层绿色空间。以河道水系、道路为骨架，坚持绿地规划网络化、系统性理念，形成"点、线、面"相结合的绿地系统。点——小型游园、街头绿地；线——主要河道两侧及道路两侧的景观绿带；面——城市公园，包括相城大道东侧南北两个城市公寓以及嘉金角港南段东西两个片区公园。

结合生态建筑的理念，充分利用空间，推广垂直绿化及屋顶绿化，创造集约高效的立体绿化模式，既减缓城市热岛效应，发挥绿地的生态效益，又解决绿化建设用地紧张的矛盾。新建公共建筑可上人屋面的屋顶绿化面积比例不低于 50%，已建公共建筑可上人屋面的屋顶绿化比例不低于 30%。

4. 特色创新

1) 规划体系创新

为了高水平规划建设科技园，单元控规创新编制方式，构建了"城市设计＋城市更新＋单元控规"的规划框架体系。城市设计顺应国际创新科技园发展潮流，从产业空间、交通体系、生态空间和配套空间四个方面提出了有针对性的规划设计策略。城市更新研究工业用地更新相关政策，选择"企业＋政府＋市场"联合更新运作模式、合乎企业生命周期的四种工业用地弹性供给方式，提出产业用地的优化策略。单元控规充分吸纳上述成果，推动规划布局与城市空间、产业更新发展有机融合，打造更良性、更先进、更活跃的科技产业社区。

控规在推行过程中，其规划范围大多是建成区，而建成区一般都存在空间局促、建设标准低等问题，作为开发导向的控规必然先天不足。因此，将城市设计、城市更新与控规相结合，通过城市设计研判重要的历史、景观、产业等空间，通过城市更新辅助了解地块处理与更新逻辑。

2）控规指导新型产业复合用地开发

鼓励土地集约利用，对利用存量工业用地提容增效，加强复合用地的规划引导。研究制定控规调整简化程序，探索规划"留白"机制，为重点产业项目预留发展空间。通过增加 Ma 工业研发用地、A35 科研用地或商住、商办等混合用地类型，在属性指标和控制条文中明确复合功能及面积占比等方式，表达功能复合用地管控要求。也可以通过分层、分图幅的形式表达竖向分层复合用地管控要求。

新型产业用地属于高新技术、创新型产业，引入新型产业可以激活产业能级，以产业激活城市，以城市支撑产业。不同于传统产业园区，新型产业用地以健康发展的产城融合模式，突破传统科技园模式，创造高效开放的新型科技园。

3）渐进式更新

根据实施时序，单元内部实行不同深度的规划管控。包括近期更新地块（2020—2022年）、近期建设地块（2020—2022 年）、中期更新地块（2022—2024 年）、中期腾挪企业（2022—2024 年）、中期建设地块（2022—2024 年）、远期更新地块（2024—2026 年）、远期腾挪企业（2024—2026 年）、远期建设地块（2024—2026 年）。规划实施应按照"规划加策划、策划转行动、行动推项目"的城市更新实施框架，组合应用规划实施策略。

3.6 绿色交通

3.6.1 绿色交通的背景及问题

3.6.1.1 发展背景

交通是城市发展的基本功能之一，对城市的经济增长、规划拓展等都起到决定性作用。便利高效的城市交通系统能够增强城市竞争力，提高市民生活质量，然而高度的机动化发展也必然导致机动化危机。随着我国经济水平的提升，城镇化建设进程不断加快，交通出行需求激增，机动车保有量迅速增加，交通拥堵问题严重，随之带来能源消耗的加快、碳排放量加剧，严重影响城市健康发展。

党的十八大以来，在"绿水青山就是金山银山"理念的引领下，我国交通运输行业全方位、全地域、全过程推进绿色可持续发展，交通生态文明制度体系日益完善，绿色低碳、环境友好等理念得到了较好的贯彻和落实[10]。2019 年 9 月，中共中央、国务院印发《交通强国建设纲要》，提出要牢牢把握交通"先行官"定位，适度超前，进一步解放思想、开拓进取，推动交通发展由追求速度规模向更加注重质量效益转变，由各种交通方式相对独立发展向更加注重一体化融合发展转变，由依靠传统要素驱动向更加注重创新驱动转变，构建安全、便捷、高效、绿色和经济的现代化综合交通体系[11]。党的十九届五中全会把碳达峰、碳中和作为"十四五"规划和 2035 年远景目标，将碳达峰、碳中和纳入生态文明建设整体布局。交通作为支撑我国实现碳中和目标的关键领域，做好交通运输碳达峰、碳中和工作，事关国家气候战略全局，也事关交通强国建设大局。2020 年，交通运输部联合国家发展改革委出台《绿色出行创建行动方案》，明确通过开展绿色出行创建行动，倡导简约适度、绿色低碳的生活方式，引导公众优先选择公共交通、步行和自行车等绿色出行方式，降低小汽车通行总量，整体提升我国各城市的绿色出行水平。截至目前，全国已有 109 个城市高质量参与绿色出行创建行动。2021 年 2 月，中共中央、国务院印发的《国家综合立体交通网规划纲要》中特别指出加快推进绿色低碳发展，交通领域二氧化碳排放尽早达峰，降低污染物及温室气体排放强度，注重生态环境保护修复，促进交通与自然和谐发展，明确促进交通能源动力系统低碳化优化调整运输结构等实施要求，为交通低碳发展指明了交通能源结构和交通运输方式低碳化两个重要方向。2021 年 10 月，交通运输部印发《绿色交通"十四五"发展规划》，提出到 2025 年，交通运输领域绿色低碳生产方式初步形成，基本实现基础设施环境友好、运输装备清洁低碳、运输组织集约高效，重点领域取得突破性进展，绿色发展水平总体适应交通强国建设阶段性要求。2022 年 8 月，交通运输部组织相关单位研究编制了《绿色交通标准体系（2022）》，进一步推动交通运输领域节能降碳、污染防治、生态环境保护修复、资源节约集约利用方面标准补短板、强弱项、促提升，加快形成绿色低碳运输方式，促进交通与自然和谐发展，为加快建设交通强国提供有力支撑。据交通运输部最新消息，交通运输部将研究制定交通运输绿色低碳发展行动方案，并积极开展交通运输参与碳交易、自愿减排交易以及出行碳普惠机制等研究。

由此，"可持续"成为至关重要的发展方向。作为城市规划中的重要载体与支撑，综合交通规划需要不断融入绿色发展理念，从顶层设计出发，坚持以人为本理念，打造绿色和谐、高效畅通的城市交通系统，全面提升城市交通品质，推进城市健康可持续发展。

3.6.1.2　面临的问题

目前，我国城市交通需求仍处于刚性增长阶段，在绿色出行的城市发展背景下，面临着公交投入不足、小汽车使用强度较高、交通拥堵日益严重、碳排放增长过快等诸多困难与挑战。

1）交通领域碳排放仍处于持续增长进程，减排压力巨大

交通领域长期以来都是碳排放的主要贡献者，交通碳排放具有占比较大、增速快、达峰慢的特点。虽然全球各个国家和地区在减少交通碳排放、促进交通领域向绿色发展转型方面都付出了极大的努力，也取得了一定的效果，但节能减排之路依然任重道远。截至 2022 年底，我国机动车保有量已达 4.17 亿辆，汽车保有量达 3.19 亿辆，持续保持世界第一。持续增长的机动车保有量和不节制的小汽车的使用，愈发加剧城市交通拥堵问题，因车辆怠速、低速行驶产生尾气排放成为城市环境污染的重要源头，交通碳减排压力巨大。

2）新能源汽车发展面临多重压力

发展新能源汽车是推动交通绿色发展，提前实现碳中和的重要举措，在国家政策的大力支持下，我国新能源汽车市场已进入规模快速发展的新阶段，但仍面临着问题及压力的阻碍。

首先，核心技术仍需进一步突破。从产业发展现状来看，我国新能源汽车产业核心技术研发投入和研发能力还不足，技术标准提升困难，新能源汽车电池使用安全问题和续航

不足问题仍然存在，直接反映了新能源汽车研发先进技术的缺乏。其次，基础配套设施建设滞后。充电设施配套不足是新能源汽车在实际推广中难以顺利发展的主要因素之一。随着新能源汽车数量的持续增长，充电基础设施结构性供给不足的问题日益突显，整体规模仍显滞后。另外，充电设施的布局不均衡、充电设施配套管理政策尚不完善、私人充电桩建设难、老旧充电设施运营维护不足、充电设施建设参与方配合力度不足等问题长期存在，影响充电网络健康发展和消费者使用体验。

3）城市交通规划存在一定滞后性

城市交通规划是一项系统且复杂的工作，只有制定明确的城市交通规划策略，才能促进规划工作得到顺利、高效的开展。但在实际规划过程中，受传统交通规划设计理念的影响，大部分城市更多注重路网布置、路面结构设计、线型设计等道路交通功能和城市空间功能规划，并不注重城市交通环境功能规划，同时仍延续"车本位"思想，交通规划目标和评价体系未能充分考虑资源、交通与环境间的协调关系，与城市用地功能、产业发展规划缺少融合，一体化可持续发展理念未能得到良好落实。

4）"双碳"目标对城市绿色出行发展提出更高的新要求

一是城市公共交通整体水平还不高。当前城市公共交通发展中仍存在着较多问题，公共交通竞争力有待提高，离满足人们日益增长的美好生活需求及实现"双碳"目标尚有较大差距。二是互联网租赁自行车规范性有待提升。从目前发展情况看，互联网租赁自行车逐渐成为城市绿色出行的重要方式，但在大城市因道路空间资源限制、企业运维能力不足等原因，存在共享单车乱停乱放、游积堆放等问题，严重影响着公共秩序，新业态与传统业态的融合度不够，威胁着行业可持续发展。如何鼓励互联网租赁自行车规范、有序、健康发展及与传统业态的融合发展，成为影响城市交通快速发展的关键。

3.6.2　理论运用和技术措施

在城市扩展演变过程中，土地利用与交通发展总是存在着一定关系。城市土地是城市各种经济、社会活动的空间载体，各类不同性质的土地在城市内的分布决定了人们日常活动的地点。由于人们的日常活动地点在城市空间中的分离，要求交通系统帮助人们克服距离上的障碍，实现不同目的的出行，因此城市土地是城市交通需求的根源；同样交通系统作为城市的"血管"也影响着城市的土地利用。随着城市化的快速发展，土地利用复合化成为趋势，城市空间形态、交通组织、城市公共活动也逐渐多元化和复杂化，要协调城市土地利用、建筑与交通之间的关系，一体化规划设计成为实现土地利用与交通协调发展的重要手段[12]。

交通是城市的基本构成元素，交通空间的规划构造对城市空间形态的最终形成有着重要的影响。但在国内城市发展中，往往出现交通发展与城市发展不均衡不匹配现象，主要原因是在城市规划发展阶段，交通规划往往作为配套服务的角色，缺少一体化交通规划和交通设计编制机制；在城市设计和建筑设计过程中缺乏交通的专业介入，导致规划方案未能有效协调城市、建筑与交通的关系，出现区域或者建筑项目建成后公共活动运转低效、内外组织不畅等问题。因此，应将交通空间作为城市公共空间的重要组成部分进行一体化规划设计，充分发挥交通规划及交通设计在城市规划发展中的重要作用。

交通一体化设计包含宏观、中观、微观层面，宏观层面对应城市交通发展模式及综合交通网络体系构建，中观层面实现对城市道路结构、街道空间、交通慢行公交子系统的规划设计；微观层面则是对城市交通管理、城市区域精细化交通设计方面进行考量。

3.6.2.1　规划构建空间融合的综合交通网络体系

交通规划是支撑空间发展战略实现和约束空间使用、优化空间结构、协调空间组织关系的重要手段和途径，开展城市交通规划设计，需强化国土空间规划对交通基础设施规划建设的指导约束作用，突出绿色生态发展理念。

在区域规划方面，应加强区域衔接，构建形成与生态保护红线相协调、与资源环境承载力相适应的综合交通体系，明确综合交通网络和枢纽体系布局；明确市县级综合交通设施（公路、铁路、机场、港口、市域轨道和主要综合交通枢纽等）的功能、等级、布局及交通廊道控制要求，明确交通走廊与生活空间、生产空间和生态空间的协调关系，引导人口、产业空间的有效集聚，发挥多方式复合走廊的协作效应[13]。

在综合交通规划方面，提出路网密度、公交出行比例等城市交通发展指标，统筹城市区域交通、城市轨道交通、客运枢纽、货运枢纽、物流系统等重大交通设施，引导枢纽经济发展和站点周边用地综合开发，提出城市交通发展策略；确定城市主干路系统，提出快速路和主干路的等级、功能、走向；明确常规公交、快速公交的发展目标和布局原则；提出城市慢行系统（步行、自行车等）、停车系统规划原则和指引。

3.6.2.2　城市道路结构向 "小街区、密路网" 转变

"小街区"模式是一种与密集街道网络相辅相成的城市土地利用模式，是基于土地集约原则的、强调高效的、功能混合的、适宜步行的开放性街区空间。"密路网"的城市路网密度较大，道路间距一般不超过 200m，路网较为均质，宽度较窄，街区尺度较小，街区面积较小。与大街区模式相比，在经济效益方面，有利于促进城市土地高效利用、提高土地利用效率和效益，繁荣城市商贸服务，保障公共财政可持续能力；在社会效益方面，有利于构建更多尺度宜人、开放包容、邻里和谐的生活街区，提高城市活力、品质和民众互动交流的机会；在交通效益方面，较高的路网密度给交通组织和出行提供更多选择，营造更舒适悠闲的慢行空间。

3.6.2.3　倡导 TOD 发展模式，引导可持续出行方式结构

TOD 是以公共交通为导向的城市发展模式，它以轨道交通等公共交通站点为中心，在站点 400m 到 800m 范围（约 5～10 分钟步行路程）内进行混合功能及高密度开发，通过城市公共交通与土地协同发展的模式，构建集办公、商业、文化、教育、居住等为一体的城市中心。TOD 作为一种集合高效、开放、共享、激活等特性的城市发展新模式，以此为核心可以高效整合公共交通基础设施和城市功能，从而引导城市空间有序增长。

在 TOD 发展模式下，构建以城市轨道交通为骨干、常规公交为主体的公共交通系统，并持续完善城市公交服务网络；推行公交场站与用地开发一体化建设模式，集约城市用地；落实公交优先政策、设施保障，实现公交信号优先、路权优先，提升城市公交发展水平，继而引导市民出行结构的可持续转变，降低机动车出行比例，提升城市绿色出行水平。

3.6.2.4　重视慢行系统建设，保障绿色交通路权

打破原有基于机动车通行效率分配路权思路，充分考虑行人、非机动车使用群体，将更多的路权空间还给行人和骑行者，创建人性化、系统化、连续化的慢行环境，打造生

态、低碳、休闲、景观长廊，引导居民选择慢行交通，建设绿色、低碳的交通示范区域。慢行交通应和公共交通有机结合、协调发展，使公共交通成为集散客流的有效工具。提升包括城市道路、街头绿地在内的城市公共空间品质，丰富街区设施配套，提高区域人气，营造优良品质的步行环境和良好的生活氛围。

3.6.2.5 发挥经济杠杆作用，调控路内停车需求

停车难是继道路交通拥堵的另一大难题，它的存在打破了城市动、静态交通的平衡，抑制了城市道路空间资源的高效运用，大幅提高了城市交通运营的成本。"经济杠杆"是国际通行的、行之有效的解决停车难、停车贵问题的手段之一。对于路内公共停车资源，通过经济杠杆调节，在城市商圈、人流密集区域等周边交通繁忙的路段合理收费来提高停车位利用率，大大提高泊位周转率，进而提高路段的通行效率。

3.6.2.6 发挥智慧交通引领作用，提升城市管理水平

实现城市良好的交通运营离不开先进的交通管理技术及手段。当前随着互联网的发展，智慧交通领域不断进步，使得资源利用更高效，成为实现绿色交通的关键环节[14]。推进公交数字化转型发展，倡导共享交通模式，以共享或租赁模式提高私家车的使用率，与其他交通工具组合成多元化的交通服务方式。创新停车建管模式，建设统一的城市停车综合管理平台系统，打造智慧停车一张网。实现全息智慧交通管控，完善智能化基础设施，加强智能化精细管理和智能化交通诱导。

3.6.2.7 聚焦绿色物流领域，降低运输经营成本

积极推广新能源运输设备，加快新能源物流车在城市配送领域的普及和推广，推动城市货运能源清洁化进程。加快发展绿色物流配送，积极推广绿色快递包装，引导电商企业、快递企业优先选购使用获得绿色认证的快递包装产品，促进快递包装绿色转型。在运输过程中规划好合理的运输路径，提高车辆的实载率，避免空载和迂回运输。对运输车辆进行定期的保养，提高车辆内燃机的燃油效率，尽可能地使用新型节能的运输车辆进行货物配送，实现节能减排的目标。

3.6.3 实践案例

3.6.3.1 苏州市绿色出行示范区建设发展路径研究

1. 项目概况

发展绿色出行是我国城市交通发展的必然趋势，但也面临着公交投入不足、小汽车使用强度较高、交通拥堵日益严重、碳排放增长过快等诸多困难与挑战。目前苏州城市公共交通分担率为27.8%，服务能力和服务质量还有较大提升空间，离满足人们日益增长的美好生活需求及实现"双碳"目标尚有较大差距。2022年，苏州市政府办公室印发《苏州市区绿色出行建设方案》，方案面向苏州古城、长三角一体化示范区和太湖生态岛，分析区域发展特点和要求，突出绿色低碳发展主题，因地制宜提出绿色出行示范区建设发展路径。

2. 工作思路

依据苏州市国土空间规划、综合交通体系规划等相关规划成果，结合三个示范区的国土空间规划、旅游规划、相关交通规划等内容，通过各规划的交叉融合与创新，针对三个示范区的规划定位与特色，制定因地制宜的绿色交通发展路径。倡导"苏式交通、绿色出

行、品质服务",贯彻落实"碳达峰、碳中和"和长三角一体化发展国家战略部署,坚持生态优先、以人为本、制度创新、协同共建,加快建成"布局合理、智慧高效、生态友好、安全可靠"的苏式特色绿色出行示范区,致力于打造古城"零排放区"和太湖"零碳型"生态岛,绿色出行政策制度体系更加健全,绿色出行设施明显提升,公共交通服务品质显著提高,绿色出行环境明显改善,绿色出行在公众出行中的主体地位得到确立,人民群众对选择绿色出行的认同感、获得感和幸福感持续加强。

3. 规划内容

1) 古城绿色交通示范区

发展目标:坚持绿色出行科技创新驱动。古城绿色交通示范区建立以公共交通为主体、与古城保护和城市发展相匹配的绿色出行体系,完善"古城内涵"的配套交通设施,塑造"古城特色"的高品质绿色交通环境,强化科技创新及应用,以"以人为本、绿色低碳"为目标,强化交通需求管理,推动"轨道+公交+慢行"三网融合发展,加强绿色出行科技创新驱动,将古城打造成"零排放区",实现交通和空间资源的高效利用。

建设方案:零碳交通方面,新能源交通推广,推动新能源交通普及、统筹规划布局能源供给体系,打造零碳示范区。加强交通需求管理,逐步试点推广单双号限行、拥堵收费政策,控制进出古城小汽车总量。加强停车需求管理,建立古城智慧停车管理综合平台,对古城停车位进行智能化改造,打造智慧停车示范区。推行绿色出行积分制度,建立个人"绿色账户",市民绿色出行可获取积分,积分可兑换公共交通优惠电子通行码、礼品或其他权益。

公交提质方面,加强两网融合发展,构建以轨道交通为骨架、常规公交接驳的公共交通体系。打造古城公交品牌,推出古城穿梭公交服务,加强与景区联动,探索构建需求响应的共享网约公交模式。构建"到发-环游-内赏"的古城特色水上交通网络体系,串联旅游资源,推动交旅融合发展,结合火车站、轨道站点建设完善的码头布局体系,加强水陆双棋盘交通融合。

慢行复兴方面,构建连续舒适的慢行网络,打造"最后一公里"舒适的步行衔接空间,让"轨道+公交+慢行"三网融合变得更顺畅。加强地块慢行交通与公共交通衔接设计,建议开展古城建设项目绿色交通设计指引研究。打造以人为本的完整街道,结合古城历史文化资源、用地开发、路网肌理、慢行品质,将古城分为慢行体验区、慢行优先区、慢行引导区。结合单向交通组织规划,路权向慢行倾斜,推动"分片成网,片片串联"的单向交通组织方案,提升慢行舒适性。

智慧治理方面,建立数据资源共享机制,整合交警、交通、规划、城管、互联网数据,为政府相关职能部门在规划、建设、管理阶段决策提供依据。构建古城智慧交通系统,建立综合交通信息中心,包括公共服务平台、决策支撑平台、数据集成与管理平台打造古城智慧出行示范区,整合轨道交通、常规公交、定制公交、出租及网约车、共享汽车、公共自行车、水上交通等多种交通方式,消费者可以通过 App 一次性支付。

2) 太湖生态岛

发展目标:坚持绿色产业带动生态岛建设。通过发展运游结合,加快构建"集约共享、创新模式、智慧优质"的绿色交通出行体系,实施自动驾驶及生态链产业等重大项目,力争岛内绿色出行比例达 100%,岛内所有行驶机动车均使用新能源,积极发展碳汇，在国内率先打造国际水准的太湖"零碳型"生态岛。

建设方案：集约循环、能源清洁的零碳岛。推广新能源车辆，通过传统燃油车辆淘汰、置换和新能源车辆购置优惠、补贴等政策，加快推进车辆清洁能源化。控制游客总量，推行节假日预约上岛，严控岛内机动车交通量。差别化停车收费，结合智慧停车泊位改造和停车系统构建，对金庭镇区和旅游景区实行差别化停车收费政策。绿色出行优惠，结合市民卡、支付宝、出行一体化平台等支付平台，出台绿色出行优惠政策。发展集约循环的交通能源，推动在岛内枢纽场站、水上码头、新能源充电基础设施等场景建成一批"分布式光伏＋储能＋微电网"智慧能源系统工程项目。

运游结合、快达慢行的文旅岛。打造"P＋R"一站式换乘服务，疏解入岛交通压力，倡导公共交通出行，打造入岛交通绿色转换的出行模式。构建岛内多层级旅游集散中心，实现岛内各交通方式一站式换乘。打造以中运量为主体、快达畅游的多层级公共交通体系，创新公交多样化运营模式，大力发展各类特色线路。构建"环岛绿道-畅游绿道-山间绿道"体系，形成串园联景的绿道网络体系。优先划分绿色出行路权，因路施策，通过断面绿色出行路权的优先划分，为人车分离、无人驾驶等提供空间支撑和要素保障。水陆空特色游线，水上交通游线串联古村、明代石码头、雕花楼、禹王庙、明月湾古村、石公山、林屋洞景区等旅游景点，打造低空环岛旅游观光线路、东山－西山"空中巴士"线路。

数字领航、智慧创新的科技岛。构建"5中心＋1平台"智能网联云控平台，构建"出行＋数据"运营的数字经济新模式，将生态岛打造成为全国首个文旅自动驾驶生态示范区和"智慧文旅＋智能网联产业"相结合的"双智样板"。推动构建太湖生态岛绿色出行一体化服务平台（MaaS），整合轨道交通、中运量公交、普通公交、定制公交、出租及网约车、共享汽车、公共自行车、水上巴士等多种交通方式，消费者可以通过App一次性支付。建设智慧停车系统示范区，对岛内外停车泊位供给规划布局和信息化智慧升级改造，推进公共停车信息系统建设。探索应用新型载运工具，在生态岛内开行无人飞行汽车低空观光游览线路。

3）长三角生态绿色一体化发展示范区

发展目标：坚持绿色出行引领城市转型，推行紧凑型的城区发展格局，减少城市无序蔓延。加大新能源交通工具推广政策支持力度，推进以电力、氢能等新能源为动力的运输装备应用以及充电加能基础设施配套建设。加快现有城市路网的改造升级和互联互通，推进绿色高效的多层次综合交通系统建设，实现组团内部构建15分钟生活圈、相邻组团之间30分钟可达。发展毗邻公交，提升区域公交一体化发展水平，引领城市发展转型。建立多层次高效链接的慢行网络，推进蓝道绿道风景道融合，提升慢行出行的环境与品质。

建设方案：发展中运量公交、常规公交等多元化模式，推进发展毗邻公交，加快区域公交一体化发展，提升城市公交供给水平，并逐步推进实现与长三角生态绿色一体化发展示范区内其他区域的公交体制、设施、票价及服务等的标准化、统一化。

生态绿色、清洁环保、近零碳型高质量发展实践地。新能源车辆推广政策，加快提升城市公交、出租等新能源车辆推广比例，加快建设符合国家标准要求的基础设施。加快清洁能源设施建设，通过能源服务模式、能源生产模式及效率的提升实现节能减排，实现能源网和交通网的融合。建立碳普惠、碳激励机制，推动长三角碳普惠机制联建工作在示范区先行先试。交通需求管理政策，在示范区内分阶段分区域推行交通需求管理政策，包括单双号限行、尾号限行、拥堵收费、燃油车限行等。

跨域一体、互联互通、共建共享、协同共进的核心区。高铁直达，加快铁路设施规划建设，完善铁路服务网络，打造多元复合的苏州南站门户枢纽及高铁科创小镇，形成多元交通功能复合的引领效应。轨道互联，建设高效的城市轨道交通廊道，完善区域轨道交通网络。道路互通，完善道路基础设施，形成互联互通的无界道路体系。公交互达，公共交通领域开展跨省域公交联运，实现三地公交互联互通，常态化运行。标准统一，统一规划、建设、管理标准，提供高标准的绿色出行服务。信息共享，不破行政隶属，打破行政边界，着力一体化内涵，真正实现一张蓝图绘到底、一张蓝图建到底和一张蓝图管到底。

蓝绿交织、水城共融、世界级滨水人居典范的集成引领区。打造"高铁＋景区"旅游新模式，以高铁及城际网络为主体，依托邻近的苏州南站和水乡客厅城际站，作为游客组织中心，打造"城际＋"旅游集散中心。打造特色水上交通体系，完善蓝道网络，连通示范区滨水趣点、推动全域旅游。建设滨水慢行绿道，构建包含区域绿道、城镇绿道、休闲慢行道的绿道体系。形成以人为本的街道环境，开展慢行主导的街道空间设计，遵循"公交优先、慢行保障"原则分配路权。

科技引领、数智赋能、创新驱动的科创智造展示区。加快车联网和车路协同技术创新，形成汽车、电子、信息通信和道路交通运输等深度融合的产业形态，建立完善标准体系，探索一套可持续、可推广、可复制的示范区经验。积极开展无人驾驶试点，包括无人驾驶小巴、无人驾驶共享出租车、无人驾驶轻型物流车等。探索"出行即服务"的智慧交通运行新模式，整合区域内各种交通资源及城际交通的出行方式，接入餐饮、住宿、购物、旅游等信息。加快长三角示范区智慧大脑、数字干线等平台的建设，率先构筑一体化的信息基础设施，推进跨区域数据信息共享，率先打造国内数据大循环的中心节点和国内国际数据双循环的战略链接。

4. 特色创新

遵循一体化规划设计理念和"5＋N"的思维模型，从苏州古城、长三角一体化示范区和太湖生态岛三个绿色出行示范区的发展目标和规划定位出发，融合"两山"理论、可持续发展理念、低碳理念和数智领航理念等，因地制宜地提出三个特色示范区绿色出行体系建设发展策略，从而将全过程中所有的思想与创新落实到实际的规划设计层面。

新能源运输装备的推广与零碳示范区的打造。加大新能源交通工具推广政策支持力度，推进以电力、氢能等新能源为动力的运输装备应用以及充电加能基础设施配套建设，加快城市公交车辆新能源替代，引导社会车辆新能源化发展，提升整体电动化水平。

MaaS 系统的探索与商业化应用。积极探索"出行即服务"的智慧交通运行新模式，持续开展基于 MaaS 的智能公交服务建设，研究面向 MaaS 的管理与服务方式、数据资源体系设计以及终端设备体系设计。整合区域内各种交通资源，如地面公交、轨道交通、共享汽车、共享单车等，接入餐饮、住宿、购物、旅游等信息，并与支付系统结合，使得 MaaS 系统能够实现包括支付在内的出行全过程服务。

无人驾驶车辆的应用推广。加大政策的扶持力度，加强产学研联合，实施自动驾驶、车路协同及生态链产业等重大示范应用项目，推动太湖生态岛全域自动驾驶场景应用、配套设施项目建设、高水平智慧交通应用成果落地，将太湖生态岛打造成"世界级自动驾驶生态示范岛"。

新型载运工具的探索应用。海南省率先启动全国唯一的"低空空域空管服务保障示范区"建设，已开通了二十多条低空旅游路线，空中观光、娱乐飞行的体验值极大增强，已逐渐形成中国南端旅游新品牌。目前，海南低空旅游蓬勃发展，领跑全国，太湖生态岛可充分学习海南经验，设置无人驾驶航空试验基地，在生态岛内开行无人飞行汽车低空观光游览线路。

3.6.3.2 苏州工业园区公交场站专项规划

1. 项目背景

常规公交在小汽车和轨道交通的"双重夹击"下，客流持续下降，处于转型提升的关键时期。随着城市居民对公交出行品质要求的提高，公交场站服务功能应由"服务车"向"服务人"转变。但《苏州市公交场站建设标准指引》未正式实施，且该标准仅适用于独立占地场站的规划、设计和建设工作，对配建场站未进行规定。园区应制定公交场站详细规划确定场站功能定位及规划设计指标和参数，为后续土地出让提供依据和参考。

两网融合大背景下，场站换乘功能需求突出，传统公交场站的功能体系不能适应居民现状及未来的出行需求，需要进一步细化场站体系；配建场站全过程管控不足，规划管理机制有待完善；由于缺少前期精细化研究和相关标准指导，导致部分场站存在出入口不独立、转弯半径不足、水电不独立等问题，场站在规划设计中忽略的问题会严重影响场站后期投入使用，场站设施服务水平有待提升。

2. 工作思路

在《苏州工业园区国土空间总体规划（2021—2035）》《苏州工业园区综合交通规划(2012—2030)》《苏州工业园区公共交通规划修编（2016—2035）》等相关规划的引领下，通过国内外优秀城市公交场站建设，结合园区公交场站存在问题，提出了"场站三化"（枢纽化、配建化、品质化）的理念，以详细规划指引和建设标准为抓手，全过程把控场站规划、建设与管理，构建与园区城市发展相适应、与乘客高品质出行需求相匹配的便捷、安全、舒适、智能的公交场站体系。

3. 规划内容

1）场站功能定位及布局规划

（1）停保/停车场

结合园区公共交通发展现状，仍保持公交停保场和公交停车场两种分类模式。目前园区内存在 3 处停保场和 1 处临时停车场，3 处停保场分布相对均匀合理，分别位于中央商务区、科教创新区、旅游度假区，基本能够满足公交车辆维保需求，承担部分夜间停车功能。整体规划方案与上位规划一致，共规划 13 处，其中停保场 5 处、停车场 8 处（图 3-71）。

（2）公交换乘枢纽

公交枢纽站根据自身规模及换乘种类主要分为对外换乘枢纽、轨道枢纽和微枢纽三类。对外换乘枢纽指与对外交通、轨道、出租等城市交通设施结合设置，形成城市级综合交通换乘枢纽。轨道枢纽指结合轨道线网及轨道站点布局规划公交换乘枢纽站，辐射轨道服务盲区。微枢纽指结合轨道线网及轨道站点布局规划深港湾式微枢纽，加强与轨道换乘接驳（图 3-72）。

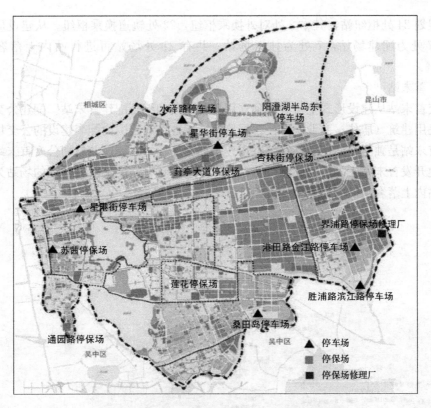

图 3-71 园区公交停保/停车场规划布局示意图

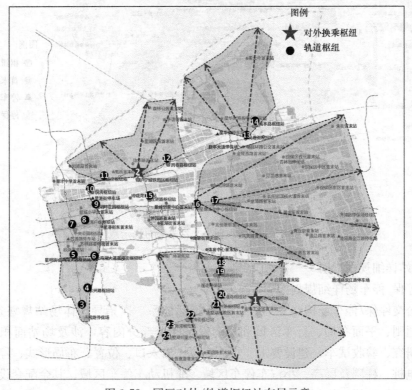

图 3-72 园区对外/轨道枢纽站布局示意

共规划 24 处枢纽站，其中 2 处对外换乘枢纽，22 处轨道换乘枢纽。从建设形式角度划分，17 处为配建场站，7 处为独立场站。共有 21 处场站可进行站内上落客，比例为 87.5%。

（3）首末站

公交首末站从建设形式上可分为独立用地首末站和综合配建首末站。配建公交首末站是依附民用建筑（居住、商业、办公、展览等）用地红线范围内配套建设的公交场站，独立公交首末站是独立交通用地红线范围内建设的公交场站。园区共规划公交首末站 47 处，其中配建开发首末站 18 处，独立用地首末站 29 处；具有站内上落客功能的场站为 15 处，不具有站内上落客功能的场站为 32 处（图 3-73）。

图 3-73　园区规划公交首末站布局示意

2）场站详细规划指引

（1）停保/停车场详细规划指引

针对公交停保/停车场构建"4 大 16 小"指标体系，以指导具体场站规划条件制定。主要包括通则、平面布局、行车区域和配套设施四个部分内容，涉及场站面积、建设形式、相关研究、验收试车、建设要求、功能定位、出入口、位置、布局形式、停车位、回车道、充电桩、柱网及层高、小汽车停车区域、非机动车停车区域、其余配套设施。

（2）配建场站详细规划指引

针对站内上落客的配建场站构建"5 大 26 小"指标体系，以指导具体场站规划条件制定。主要包括通则、平面布局、行车区域、行人集散区、站房及配套设施五个部分内容，涉及场站面积、产权、相关研究、验收试车、建设要求、功能定位、出入口、位置、布局形式、人车分流、到发车位、停车位、回车道、充电桩、柱网及层高、站内上落客、集散区设置位置及封闭性、人行通道连续性、换乘便利性、站台设施、空调、站房功能、小汽车停车区域、非机动车停车区域、独立水电、其余设施。

（3）独立场站详细规划指引

针对独立场站构建"4 大 15 小"指标体系，以指导具体场站规划条件制定。主要包括通则、平面布局、行车区域、站房及配套设施四个部分内容，涉及场站面积、产权、验收试车、建设要求、功能定位、出入口、位置、布局形式、停车位、回车道、充电桩、站房功能、小汽车停车区域、非机动车停车区域、其余设施。

3）场站规划管理

公交场站的规划管理由园区规建委牵头、多部门协作，交通部门全程参与，园区规建委的国土、规划、交通等各相关职能部门应充分沟通、紧密协作，共同提高场站的规划、建设和管理水平。建议场站规划管理分为四个阶段：规划编制阶段、土地供应阶段、建设管理阶段和移交管理阶段。

（1）规划编制阶段：公交场站专项规划编制或修编，应满足国家、省、市及苏州工业园区相关规划标准的要求。在编制或修编城市详细规划与公交场站专项规划时，国土、规划和交通部门应紧密协作，保证规划衔接一致，落实公交场站用地。

（2）土地供应阶段：当涉及公交场站的具体宗地实施划拨或出让时，国土、规划和交通部门应充分沟通，细化场站相关规划、设计、建设要求。

（3）建设管理阶段：规划、交通等部门应紧密协作，审查公交场站设计和建设方案。任何单位和个人不得随意变更场站建设方案。同时，规划、交通等部门应共同参与公交场站的验收。

（4）移交管理阶段：公交场站的不动产权归政府所有，场站工程项目竣工验收通过后，建设单位将公交场站的不动产权无偿移交给规建委。规建委委托专业管理单位进行场站管理，签订委托管理协议书，交通部门对公交场站日常使用、维护和管理负责监督管理。

4）场站运营管理

为提高场站运营管理水平，实现场站运营管理现代化、标准化、规范化，制定《苏州工业园区公交场站管理办法》。主要包括以下四个部分内容：明确场站产权、管理权、使用权，明确场站管理内容及维养要求，明确场站管理流程，建立场站监管与考核制度。

公交场站管理内容包括日常管理、改造及大修。场站管理单位应做好公交场站的日常管理工作，园区规建委应做好场站改造及大修工作，保障场站正常使用。场站管理单位应定期对所管理的公交场站的办公设施及家具、标志标线、智能化设施、建筑内部墙面、场地、管线、建筑外立面等进行日常巡查、检测评价，并根据评价结果制定年度维修计划及大型养护计划，并建立养护技术档案。

园区公交场站管理流程分为审批管理、备案管理和自主管理。审批管理主要为场站管理的年度计划、专项方案、标准化改造计划、外单位借用情况等须报送规建委审批，外单位借用情况应包含借用的场站、借用单位、借用面积、借用合同、借用时间等。备案管理主要为场站的基础信息台账应及时更新并每季度报送规建委备案，基础信息主要包括场站名称、地址、面积、车位数、充电桩数量、进驻线路及车辆等。自主管理主要为公交场站的日常管理由场站管理单位自主安排，无须提交规建委审批或备案，包括运营管理制度、外包物业、人员安排等。场站管理单位通过外包形式购买保安、保洁公司服务须通过招投标的形式确定中标企业，操作中须做到客观、公正。

4. 特色创新

本案例重点对场站的详细规划指引、建设标准、管理办法进行研究，引导场站从"服务车"向"服务人"转变，推动场站高品质发展。

突出换乘枢纽功能，促进绿色交通发展。在上位规划基础和绿色交通理念基础上，本次规划进一步突出公交场站的换乘功能，促进两网融合发展，提高公交换乘效率，实现城市可持续发展。

细化场站规划控制要点，深化场站详细功能布局，为后续场站建设提高指引。本次规划着重对场站进行详细规划，包括停保/停车场、配建场站和独立场站三个部分，并对场站建设提出标准指引，包括配建公交场站建设标准指引、独立公交场站建设标准指引和停保场建设标准指引。最后对场站规划管理和运营管理提出建议。

关注乘客需求，提升站内上落客的品质。绿色交通理念下的公交场站规划，以提高公交换乘效率、促进两网融合发展、提升居民出行全过程的公交吸引量为目标，关注乘客需求，提升居民公共交通出行品质，有助于提高公共交通竞争力。

3.6.3.3 邢台市公交线网优化

1. 项目概况

目前邢台市公交发展初具规模，市区由 8 家运营公司共运营 81 条线路，线路分为市区、市郊、区域三个层级。2021 年，公交年客运量达 3184.5 万人次，日均客运量为 9 万人次左右，和国内其他大城市相比，邢台市区以常规公交为主，处于公共交通发展的初级阶段，整体线网发展规模中等，千公里客流强度一般，客流效益有待提升。

既有常规公交体系的构建有力支撑了邢台市区常规公交的快速发展，但现有公交运行效率低，复线系数高，服务品质及吸引力日益降低。有必要对线网结构进一步优化，提升现有公交资源利用率。

2. 工作思路

在《邢台市城市总体规划（2016—2030 年）》《邢台市"一城五星"城乡总体规划（2014—2030 年）》《邢台市城市综合交通规划（2017—2030）》《邢台市公共交通专项规划》等相关规划的引领下，通过对城市用地、人口、道路交通、线网、场站等发展现状进行调查与评价，掌握邢台市的公交客流特征和公交运力供给情况，剖析邢台公交系统面临的问题。结合多种调查手段对公交出行需求进行详细摸底，包括座谈会、居民出行调查等，重点对公交客流需求等进行分析，研究居民的属性、出行的主要起讫点（OD）方向、公交主要客流通道等。依据上位规划，综合考虑区域现状公交及未来居民公交出行需求进行线网规划，提出线网结构调整方案，并完成具体线路优化设计方案，包括线位、站点调整、运营安排、车型等。同时，与国土部门对接，由公交公司、交通局协调最新国土空间规划成果，将选址成果纳入国土空间规划成果，并结合分公司运营部门的需求，根据整体城区边缘设置换乘枢纽思路,从线网、车辆、服务人口等角度提出场站选址规划,对场站提出综合开发建议。

3. 规划内容

以邢台市区、沙河、南和、仁泽、内丘出行量为主,周边各个村镇存在一定的出行量。周边仍有出行相对集中的村镇没有公交线路服务,如新城镇及 S329 沿线的村子、十里亭镇及皇塔线沿线、Y051 沿线、邢台植物园周边及龙岗东大街沿线、北豆村周边。邢台市区出行量相对集聚,公交线路基本覆盖,但仍存在部分盲区。中兴大街(钢铁北路—开元路北)沿线商业,公共服务设施集聚,吸发量较大。火车站地区以枢纽、商业、医院、住宅为主,吸发量较大。钢铁北路、冶金北路沿线以居住用地为主,吸发量较大。莲池大街、泉北大街(与新华北路)、泉南西大街(钢铁北路—开元北路)、建设路沿线以住宅和沿街商业为主,吸发量较大(图 3-74、图 3-75)。

图 3-74　邢台市区出行吸发量分布

根据公交公司提供的 IC 卡数据分析,公交出行以中短距离出行为主,77.57% 出行集中在中心城区内部,14.54% 的出行为联系中心城区与外围。平均公交出行直线距离为 6.6km,平均出行时间为 25 分钟。邢台市区居民公交出行平均换乘系数为 1.22,86.02% 的出行可直达,13.02% 的出行需进行一次换乘,属于可接受水平。公交主要换乘客流集中于火车站片区、家乐园购物广场附近。

为深入了解邢台市区居民的出行特征、公交出行需求及现状公交问题,于 5 月 9 日～5 月 17 日组织开展居民出行调查,共回收 1378 份有效问卷。在调查中,居民认为目前公交存在的主要问题为发车班次较少、候车时间长、不能直达、运营时间短等;居民选择公交出行主要原因为票价便宜、有公交直达、气候因素等。从居民反馈的诉求和建议来看,多数居民认为应增加公交线路和公交站点,提高公交覆盖率和服务水平,同时希望能够延

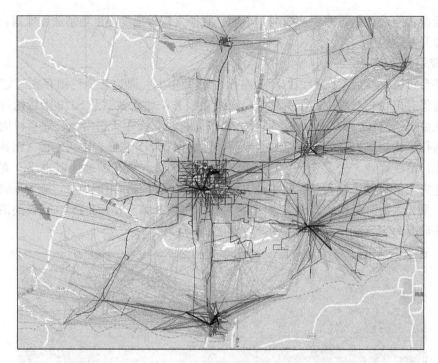

图 3-75　邢台市区出行 OD 图

长公交运营时间（图 3-76）。

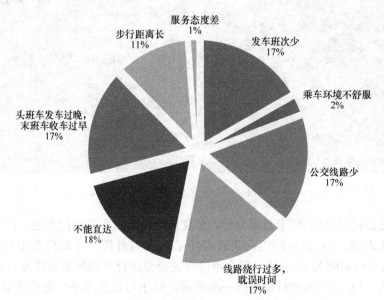

图 3-76　居民认为公交存在的主要问题及建议

　　线网优化根据主要客流 OD，依托换乘枢纽，构建"棋盘＋放射"的骨架线网布局体系，整合既有公交资源基本盘，通过打造高频干线＋微巴系统，明确线路层级，打造公交品牌，提升公交服务品质。

　　充分利用现有车辆、人员资源，筛选问题线路，减少复线系数，整合资源，进一步优化线网结构，实现增收减耗。塑造高频干线，补充覆盖客流走廊，加强支微开通，覆盖盲区。精准服务，满足城市居民日常上班、上学出行活动的需求和文化、生活各类城市活动出行的需求（图 3-77）。

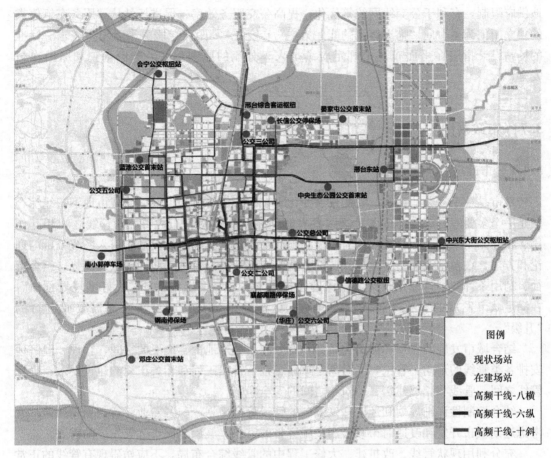

图 3-77　邢台市高频干线走向示意

在场站现状分析与评估工作基础上，根据现状运营调车情况及各公交公司实际运营需求，结合线网优化阶段性成果，挖掘场站缺乏区域。同时，根据襄都区提供的 54 块闲置地块，筛选地块大小合适、道路条件良好的地块进行现场勘察，累计实地勘察地块 30 余块，形成新增场站选址共 30 处。

4. 特色创新

利用大数据分析精准把握客流特征和需求。基于海量数据和居民出行调查进行客流出行特征分析，通过手机信令、IC 卡数据、居民出行调查等方式精准定位客流，全面掌握居民出行需求及公交出行特征。基于大客流出行 OD 和路网结构，结合居民出行调查分析，提取线路骨架，重构线网，简化线路走向，减少线路绕行、缩短车辆行程时间。

线网优化从"被动调整线路"模式转变为"主动塑造需求"模式。塑造"棋盘＋放射"的骨架线网布局，打造高频干线＋微巴系统，明确线路层级，打造公交品牌，提升公交服务品质，实现"增覆盖、减重复、便换乘"的高品质的公交服务，进一步提升公交竞争力，推动城市绿色出行体系发展落位。

公交场站建设模式从"独立用地"向"配建和综合开发转变"。公交场站与周边业态一体化衔接，与周边客流紧密结合，提高客流集散效率。鼓励建设的配建场站不受独立用地供应限制，有利于公交线网统筹优化，提高公交服务效率。促进场站从"服务车辆停靠的独立用地为主"向"临近客流的配建为主"转变，"零距离"服务乘客出行需求。标准的场站设计指引在平面布局中规定应满足人车分流的原则，保障车辆行驶和居民出行安全。

3.7 市政规划

3.7.1 市政规划的背景

城市是一个复杂的系统，它的发展变化具有很大的不可预见性。而城市地下管线综合又是一个多要素的综合体，各种管线具有时间序列和空间分布的特征，管线之间相互作用、相互制约，为此，管线规划与建设必须综合考虑各管线间的关系，引入系统分析的理论和方法，在各管线的空间数据和属性数据支持下，分析各种管线的现状、优势、组合特征、利用条件，进行优化设计，选择最佳布局方案，统一规划设计，做好"规划预留"，在满足城市发展的有机"扩大"的同时，更好地满足与适应城市发展需要而进行的"升级"。

结合城市发展的特点和道路的条件，充分利用城市地上、地下的空间，合理、经济地安排各类管线的走向、管位，同时满足道路工程、管线工程和相关工程的建设要求；确保管线之间，管线与相邻建筑、构筑物之间的安全净距。

结合控制性详细规划和地区开发编制的管线综合规划，与各专业管线规划相协调，既考虑近期城市开发和改造时市政公用设施容量的需要，又满足城市远景发展的需要。

充分利用现状管线。改扩建、大修工程中的管线综合布局，不应妨碍现有管线的正常使用。结合城市现状道路的管线断面，妥善解决原有管线与新建管线的衔接，尽量避免管线多次交叉。

3.7.2 市政规划的原则

3.7.2.1 前瞻与创新：引领市政基础设施高水平发展

在碳达峰、碳中和，绿色、低碳、开放、共享等新发展要求下，城市发展方式和产业结构将产生根本性的变化；能源利用的结构和利用方式也将产生革命性变化。城市市政基础设施应着眼于未来，着眼于科技进步和技术革新，积极采用新理念，利用新技术、新工艺，构建低碳、高效、安全、可靠、可持续发展的市政基础设施系统，引领合作区市政基础设施向现代化、高水平发展。

3.7.2.2 落地与反馈：落实上位规划相关要求

国土空间规划体系上，市政规划介于总体规划和详细规划之间，起着上下传导和区域协调的作用。市政设施规划的编制应遵循上位规划相关原则，落实大中型交通市政设施及重大（敏感）管线的布局及空间需求；规划区域出现的新需求而引发的重大设施优化和调整，应反馈于上位规划，从而提高上位规划的科学性和可操作性。

3.7.2.3　统筹与协调：整合优化各类设施和管网布局

加强各类交通市政设施及管线间的统筹与协调，克服各自为政的不利格局，综合布置各类设施及管线地上、地下通道；整合各类设施布局用地，遵循共建共享、立体开发设计的原则，尽量将有相容性的各类设施集中布置，减少邻避设施空间分布，集约节约利用土地和地下空间资源，促进交通市政各类设施及管线工程集约发展。

3.7.2.4　弹性与约束：指导规划区各类管线工程设计

规划明确交通市政各类设施及重大管线通道用地，在开发建设过程中需严格加以保护与控制，确保各类设施空间权和落地权；管线各行其道，防止相互侵占、干扰。局部地区因用地、道路等调整，在不影响功能结构及安全运行前提下，可做相应调整，提高规划的可操作性。

3.7.2.5　近期与远期：统筹各类交通市政设施的建设时序

市政基础设施专项规划按照"一次规划、分期实施"的开发理念，在城市总体规划及控制性详细规划的指导下，提高市政设施综合规划前瞻性、整体性，在开发建设过程中按照循序渐进、先急后缓、分期实施的原则，近远结合，充分利用建成设施和通道，满足阶段发展需求；实现现状与规划的合理过渡，提高规划的可操作性。

3.7.3　市政规划的特点

(1) 遵循"一张总图统领"的指导思想结合城市发展的特点和道路的条件，充分利用城市地上、地下的空间，合理、经济地安排各类管线的走向、管位，同时满足道路工程、管线工程和相关工程的建设要求；确保管线之间，管线与相邻建筑物、构筑物之间的安全 (图 3-78)。

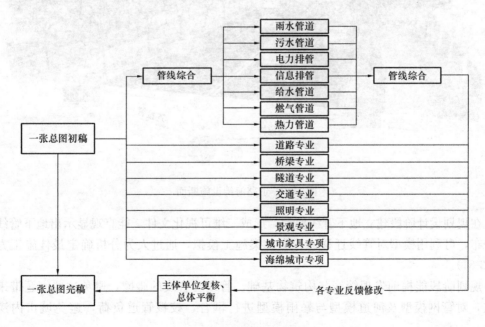

图 3-78　市政规划流程

（2）结合控制性详细规划和地区开发编制的管线综合规划，与各专业管线规划相协调，既考虑近期城市开发和改造时市政公用设施容量的需要，又满足城市远景发展的需要。

由于雨水、污水管通常管径较大、埋设深，当道路宽度较小，敷设管线种类多时，通常将雨水、污水管设置于机动车道下。对于三块板道路，雨水、污水管尽量设置于非机动车道下，以降低检修时对交通的影响。

给水管埋深浅，且是压力管道检修频率高，同时为便于室外消火栓的设置，直埋敷设的给水管一般设于非机动车道下靠近路牙处。

由于燃气管潜在的泄漏可能，与电火花接触存在引起火灾的风险，因此通常与电力管线应设置在不同侧人行道下；同时考虑到电力管线与通信管线敷设过近可能产生信号干扰问题，也应设在不同侧人行道下。综合考虑，通常将给水管与电力管线设置于道路同侧，燃气管与通信管线设置于道路另一侧。常规地下管线（控制在道路红线范围内）从道路红线向道路中心线方向平行布置的次序宜为：热力、电力、通信、给水、燃气、再生水、雨水、污水。非常规地下管线：如区域性转输管线（给水或燃气）、长距离转输管线、高压架空电力线，高压蒸汽热力管道、易燃易爆输油管道等，布置在道路两侧的绿化带下或者沿规划河道敷设。

管线布置应与海绵城市设施相结合。当管位布置空间受限而绿化带较宽时，结合绿化隔离带设置雨水渗透，储水调蓄、下凹绿地、溢流式雨水口等海绵设施一并布置市政雨水管道（图 3-79、图 3-80）。

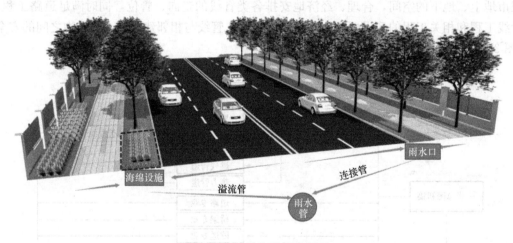

图 3-79 道路海绵设施断面

在规划设计阶段建立地下管线模型，形成三维可视化文件，能直观显示出地下管线位置分布，可利用模型对管线迁移进行多方案施工模拟，通过人为分析确定最佳施工方案（图 3-81）。

规划阶段能提前发现管线与构筑物基础、管线与管线的碰撞，避免这些问题带来的损失，对管网模型及河道模型与暴雨模型进行耦合，校核管道负荷，避免城市内涝的产生。

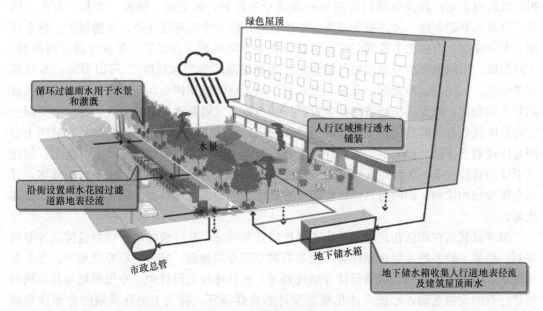

图 3-80 市政海绵设施断面

图 3-81 市政地下综合管网

3.8 其他专项规划及研究

在中共中央、国务院《关于建立国土空间规划体系并监督实施的若干意见》中指出：
"专项规划是指在特定区域（流域）、特定领域，为体现特定功能，对国土空间开发保护利
用作出的专门安排，是涉及空间利用的专项规划"；"海岸带、自然保护地等专项规划及跨
行政区域或流域的国土空间规划，由所在区域或上一级自然资源主管部门牵头组织编制，

报同级政府审批；涉及空间利用的某一领域专项规划，如交通、能源、水利、农业、信息、市政等基础设施，公共服务设施，军事设施，以及生态环境保护、文物保护、林业草原等专项规划，由相关主管部门组织编制。相关专项规划可在国家、省和市县层级编制，不同层级、不同地区的专项规划可结合实际选择编制的类型和精度"。可以看出，专项规划类型多、区域广、涉及部门众多，其从属于国土空间规划体系，是总体规划在特定领域的延伸和细化，既受国民经济和社会发展计划与重大发展要素布局的宏观调控，又受国土空间总体规划对空间利用相关内容的指导和约束。从功能上来说，专项规划具有对国土空间总体规划支撑性、协同性、传导性，要在符合国土空间总体规划的基础上，落实、细化其引导和管控要求，为特定区域或特定功能或不同职能部门谋求发展诉求及空间落实，并与总体规划相协调，同时将具体的要求传导到详细规划以实现各类设施及用途管制的整体统筹。

编者及其所在团队在规划实践中不断扩展业务领域，从传统的城乡规划延伸到各专项规划，积累了较多的专项规划经验，例如公共空间专项规划、城市色彩专项规划、生态专项规划、市政专项规划、道路设计专项规划等。在具体规划设计中，专项规划与其他规划可进行双向反馈互动，形成一体化规划设计的良性循环，有利于提升规划的合理性和科学性。

3.8.1 公共空间专项规划

3.8.1.1 公共空间专项规划的种类及要求

公共空间是城市中的建筑群或者建筑之间限定的开放空间形式，其主要功能是为居住在所处城市和建筑中的居民提供交往、社会活动、集会等功能的开放性空间，同时公共空间也是居民与自然接触，与自然进行信息物质交流的主要空间，在一定程度上公共空间体现了一个城市的文化底蕴和城市气质，是一个城市内部的橱窗，是一个城市对外交流的名片，其服务的对象是多数大众。

综合来说，公共空间没有一个特定的概念，根据研究，公共空间基本上可以定义为：城市中特定的以人作为核心对公众开放的空间，包括外部和内部公共空间，自然和非自然空间，其存在具有一定的特殊意义，具有规范性和约束性，具有文化价值和社会价值。

李德华等编著的《城市规划原理》把公共空间定义为：公共空间狭义的概念是指那些供城市居民日常生活和社会生活公共使用的室外空间。它包括街道、广场、居住区户外场地、公园、体育场地等。公共空间又分开放空间和专用空间。开放空间有街道、广场、停车场、居住区绿地、街道绿地及公园等，专用公共空间有运动场等。公共空间的广义概念可以扩大到公共设施用地的空间，例如城市中心区、商业区、城市绿地等。一般而言，公共空间专项规划对象为狭义公共空间概念，通常聚焦于街道、广场、绿地、滨水四类空间。

3.8.1.2 公共空间规划人本化理念

公共空间规划应以人本化理念为基础，通过多种手段和措施塑造特色公共空间，以触发历史文化再彰显、社会环境再重生、人际交往再和谐、现代活力再迸发（图3-82）。

补足公共空间短板，形成可漫步的公共空间体系，通过拆违、腾退和置换等方式，整

图 3-82 人本化理念

合利用城市零散闲地、边角碎地、街道转角空间与建筑退线空间，释放"零散"空间，嵌入小型口袋公园，丰富公共空间结构，利用城墙、古桥及桥下等低效空间，增加公共空间规模。同时，在片区更新规划研究中明确特定区域和规模的拆违项目必须用作公共空间，构建起"小型、多点、全覆盖"的公共空间微循环网络，实现以"微空间、微生活、微循环"为理念的宜居宜游目标。

精细化打造公共空间，形成有设计的公共空间，制定一体化公共空间设计准则，分片区、分类别明确公共空间全流程设计管控要点，从设计理念、技术手段、方法路径、典型案例、机制保障、专项治理等方面，对公共空间设计进行引导，实现公共空间从建筑界面到公共空间分项要素"U 形"空间的一体化设计，力求达到功能、环境、舒适、审美的统一。

强化传统特征元素，形成可阅读的公共空间意境，注重保护不同时期的文物古迹和历史空间要素，突出历史文化遗存的核心地位，挖掘空间潜力，建设袖珍广场与小型绿地作为观赏空间；周边无法提供开放空间的，可将历史文化遗存纳入公共空间景观体系，作为重要的环境要素和视觉焦点。已消失的历史空间要素，但具有历史意义的要鼓励予以原貌恢复、意向恢复或印记提示，提升公共空间标识性、感知性，因地制宜地表达文化内涵，营造有温度、有记忆、可传承的品质空间氛围。

共同缔造空间品质，形成有温度的公共空间范式，建立全生命周期公共空间管理机制从部门多头管理转变为牵头部门统筹管控，以空间的高效利用和优化配置为导向，实现跨部门、跨专业协调统筹，完善公共空间规划、建设、管理全流程管控机制。在规划设计阶段，加强对公共空间铺装、色彩、便民设施、建筑立面等相关要素的管控；在建设实施阶段，加强建设品质管控，落实规划相关要求；在运维阶段，强化各主体单位的权责，妥善解决条块分割、各自为政的问题，创新公共空间综合治理体系，实现规划、建设、管理全生命周期管控，对于违反法定规划和相关规定侵占公共空间和公共设施的行为，根据相关法律限期进行清除腾退。

3.8.1.3 实践案例：姑苏区城市公共空间规划研究

1. 项目特征及概况

姑苏区是全国首个，也是唯一一个国家历史文化名城保护区，同时也是苏州"一核四城"发展战略中的重要之"核"，承担着政治、教育、文化、旅游中心的重要职能。目前，姑苏区在公共空间管理中也存在缺乏自上而下技术层面的统筹设计与制度安排，导致诸多项目难以较好统筹和安排。为进一步通过公共空间环境建设完善姑苏区城市功能和品质、更高效地展示姑苏区城市历史文化传统、满足姑苏区居民生活方式转变和生活质量提高的需求，公共空间专项规划成为重要措施。纵观姑苏区全域，现阶段还存在以下问题：

公共空间"开放共享性"不足。作为承载古城居民日常生活、游客体验的公共空间，开放共享是突显片区公共空间"公共性"的基本条件。一方面，古城部分公共空间，如小游园、街道滨水绿地等存在围墙遮挡、绿化通透性不够、入口空间不显等问题，导致公共空间"看不见，走不到，无互动"，造成使用率偏低，开放交流与活力不足。另一方面，古城部分公共空间用地权属关系复杂，使用管理主体模糊不清且处于动态的变化中，导致公共空间共享性不能得到充分保障，如部分公共空间被居民用以堆放杂物或进行圈占。

公共空间建设缺乏标准准则。在规划建设层面，面对公共空间众多的控制要素，由于缺少约束公共空间质量的分类设计准则，公共空间出现形式功能单一、设施缺乏、"孤岛化"（开放性及可达性不足）及缺少吸引力等现象，导致公共空间品质不高，古城部分公共空间存在绿化堆砌，缺乏精致、细腻的栽植设计，景观单调缺乏吸引力等问题。

"精致、雅致"的古城特色体现不足。《姑苏区分区规划暨城市更新规划（2020—2035年）》前期调查数据显示，57.33%的受访者来苏州古城旅游的目的是感受历史人文气息。古城城市建设具有"精致、雅致"传统，突出体现在园林营建的城市布局、清淡素雅的建筑形式、院落和边角空间利用等方面，但是古城部分公共空间铺装、灯具、座椅、小品、标识牌等环境设施对苏州本土文化的特色提炼不够，未能完全彰显苏州"精致、雅致"的文化内涵和场所环境。

公共空间便民设施不足。一方面，部分公共空间休息设施不足，缺乏必要的停靠场所，且设置的座椅和健身器材功能单一，难以满足市民多样化的日常生活需求，另一方面，古城各片区公共空间设施、布局、功能、景观等千篇一律，未能充分结合片区功能定位设置方便居民、游客的设施。

2. 规划内容

姑苏区城市公共空间规划的任务和框架分为宏观、中观、微观三个层面，五个重要板块。宏观上，分析发展的背景和趋势，研究相关的案例和理念，明确整体的目标定位；中观上，建立公共空间的详细分类，对每类公共空间进行详细评估，以目标为导向，确定每类的管控要素，通过要素进行分类管控；微观上，对公共空间进行全面梳理，罗列出具有实施性的项目，形成项目库，通过近中远期来实施，选取具有代表性的项目节点进行详细设计，并制定了政策保障的一些措施（图3-83）。

城市公共空间研究对象是整个姑苏区全区范围内的街道、滨水、绿地、广场四大类的

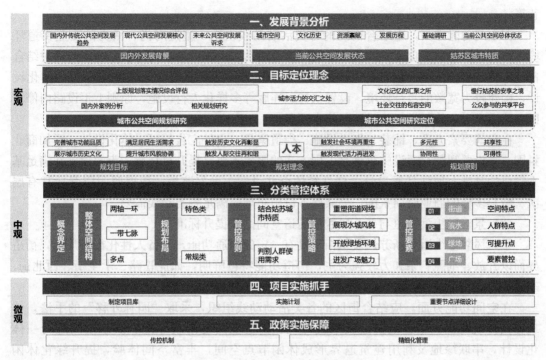

图 3-83　公共空间规划体系框架

公共空间。

1）街道空间品质提升标准

依据《苏州历史文化名城保护专项规划（2035）》，古城片区街道空间分为城市轴线型街道、文化商业型街道、景观风貌型街道、新苏风貌型街道、历史街巷 5 类，具体提升标准如下：

（1）城市轴线型街道空间品质提升标准

城市轴线型街道空间公共性较强，两侧城市公共功能集聚，街道级别较高，全时段使用，一般位于城市重要发展轴线，如人民路、干将路等。

在空间功能方面，一是应根据各类交通方式的需求，优先保障优先级别较高的通行需求，鼓励设置公交车道和公交专用道，强调公交路权，保障公交通行效率，鼓励快慢交通硬质隔离，包括绿化带、简易分车带、隔离栏杆等，同时设施带紧凑集约设置，为步行和非机动车道留出足够的宽度；二是在城市空间格局角度增强轴线型街道的文化识别性，强化沿线文化标识系统，打造地区文化主轴线，轴线界面、空间节点、建筑风貌、景观小品等要素应充分体现古城文化的精髓，以提升古城文化品位。

在空间要素方面，针对铺装、街道设施、街道家具、户外广告等以基本功能为主，不对行车视线造成干扰，增加交通站点周边绿色交通换乘方式，绿化种植考虑植物的降噪除尘；宜采用高大型、根茎较小的乔木释放人行通道空间。

（2）文化商业型街道空间品质提升标准

文化商业型街道具有一定的交通功能或以步行为主，节假日使用人群较多，具备较高人性化街道尺度，集购物、旅游、餐饮、休闲为一体，如桃花坞大街、景德路、养育巷等。

在空间功能方面，应结合街区的各类活动动线组织，塑造时尚、活力的商业街道环境，同时鼓励增加文化体验、旅游配套、休憩活动等设施，满足商业服务功能的同时结合古城旅游，彰显古城文化特色，加强街道可识别性，沿街人行道与建筑前区宜一体化设计，构建较为宽敞的步行环境，设置扶梯、连廊等多样化人行设施，原则上不设路内停车区，轨道出入口处要做好临时接驳停车预留。

在空间要素方面，铺装、街道设施、街道家具、户外广告等可一体化设计，增加商业氛围，宜设置智慧交通设施以满足不同方式的服务需要，提升科技感，市政设施在满足基本需要的基础上加强品质设计，杆件箱体合并设置，做好遮挡，街道照明应营造富有层次、精彩多样的商业时尚氛围，公共服务设施布局应满足各类动线需要。

（3）景观风貌型街道与新苏风貌型街道空间品质提升标准

景观风貌型街道与新苏风貌型街道具有一定的交通功能，具备人性化街道尺度，街道界面以开放、细腻、亲和力较强为主，街道功能特色鲜明，如虎丘路、十全街、西北街、东北街等。

在空间功能方面，应结合街区的各类活动动线组织，采取"园林外移"的手法，体现苏州传统特色，塑造全龄适宜景观环境，街道空间与沿线绿地、滨水空间进行一体化设计，串联绿地及利用建筑退界形成休闲节点空间，丰富空间体验，提升绿化休闲空间的可进入性与融合性，避免造成活动隔离障碍，轨道出入口处要做好临时接驳停车预留。

在空间要素方面，铺装、街道设施、街道家具、户外广告等可一体化设计，增加景观氛围，公共服务设施布局应满足各类动线需要，除座椅、休闲、绿化等必要设施外，还应设置直饮水、自行车停靠、公厕、电话等休憩设施，鼓励提取地方传统装饰纹样进行环境设施设计，环境设施整体应采用统一的图案或元素装饰。植物绿化应利用不同的形态特征进行对比，增加景观层次性、色彩多样性，增加道路的识别性和特色性，街道照明在满足照明安全的情况下以低亮度的地灯、射灯为主。

（4）历史街巷空间品质提升标准

历史街巷空间尺度较小，以步行为主，街道功能特色鲜明，节假日期间人流量较大，平常以区域居民为主，易停留驻足。

在空间功能方面，应尽量保障人行道宽度，交通量较小的街巷可设置为共享街道，鼓励结合街头绿地设置规范非机动车停车，街巷内尽量减少路内机动车停车设置，移除乱堆乱放物品，规范路边摊，规范建筑立面，转移或隐藏空调外机，拆除违章搭建的雨篷、简房棚屋，规范店招样式，通过架设桥梁或增加开放空间来增强河街两岸之间的行为活动联系，丰富河道的观景点和景观点。

在空间要素方面（图3-84），结合街巷弄的空间序列，通过铺地变化、绿化（广场、庭院、街道）、建筑天际线、沿街面活力变化等整体设计，强化空间秩序，与游客使用需求结合，完善旅游相关指示标志，引导游客探访历史遗迹；优化市政设施布局，对占用街道空间的电线杆、市政箱体等采取线路下地、移位或隐藏处理，采用传统样式的路灯杆及路灯；整治屋顶、立面、门窗、装饰等，保持沿街面建筑风格、比例、材料、色彩的一致性，并结合历史建筑特点，对门窗、门头、斗拱、挂落等细部装饰更新优化，保持传统

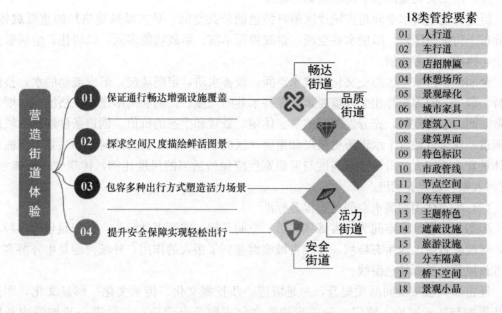

図 3-84　街道空间管控目标及要素

特色。

2）滨水空间品质提升标准

古城片区滨水空间是体现古城水城魅力的重要空间，从管控要素上可分为水、堤、岸、路、建筑 5 大类 12 小类管控要素，在规划中需清洁水体水质提升景观品质、以多种方式加强空间联络、解放滨水空间提升公共活力以及维护自然亲水岸线生态本底，从而复兴古城滨水活力（图 3-85）。从功能上，古城区滨水空间可分为历史文化型与生态休闲型 2 类，其中历史文化型主要为历史城区内的水巷空间，生态休闲型为外城河，提升标准如下：

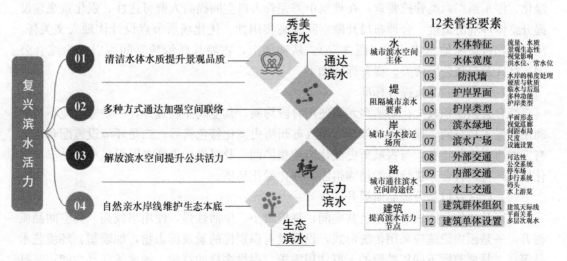

図 3-85　滨水空间管控目标及要素

（1）历史文化型滨水空间品质提升标准

历史文化型滨水空间是古城片区最具特色的公共空间，是古城风貌格局的重要载体，多分布于传统街区内，形成水巷空间，景观界面丰富、承载功能多元，以居住、生活服务为主，休闲、旅游为辅。

全面保护古城片区历史文化型滨水空间，改善水质，定期疏浚，形成流动的水，整修古桥、驳岸、河埠头等相关环境要素，保持水巷的尺度、比例和两岸建筑风格统一，增加开敞空间、亲水空间，充分发挥其旅游、休闲、景观和生态的价值。创造条件恢复古城历史河道，延续古城骨干水道历史格局和重要片区的水网系统。保持路河空间关系，两侧建筑体量宜小不宜大，沿河建筑高度与河面宽度应保持适当的尺度比例，体现"小桥流水""枕河人家"的优美意境。

（2）生态休闲型滨水空间品质提升标准

生态休闲型滨水空间为环古城风貌带，空间开阔，兼顾观赏游览、休闲娱乐等多种功能，对改善古城人居生态环境、发展古城旅游起到了很大的作用，外城河游是中外游客领略苏州风情的重要特色游线。

环古城风貌带空间品质提升，一是应进一步挖掘文化、传承文化、彰显文化，即进一步保护与展示城墙、城门，进一步加强文化主题节点营造；二是进一步加强内外联动、水陆联动、慢行串联，即打通瓶颈区段，形成完整的环城慢行系统，加强环城慢行系统与公共交通及水上巴士的换乘，加强慢行系统与外城河桥梁衔接的便捷性，使桥梁成为外城河两侧的最佳连接，形成近水、亲水、通水等形式丰富的绿带，提升环城绿带的趣味性；三是补足配套设施，激发活力，提升人气品位，即结合环古城风貌带及其周边用地的实际情况，增设文化、休闲、娱乐等服务设施，提升风貌带的文化品位及旅游价值，并通过水陆交通体系的完善将各项服务设施融入环古城风貌带，使风貌带由"薄"变"厚"。

3）绿地空间品质提升标准

古城片区绿地从管控要素上可分为入口空间、设施质量、设施配套、活动场所、景观绿化、停车组织六类管控要素，在规划中需完善入口空间提高人群可达性、强化景观建设提升整体环境舒适度、合理布局开敞空间提高实用性、优化场所节点设计体现人文关怀，从而优化古城绿地总体品质（图3-86）。从功能上，古城片区绿地空间可以分为综合公园、社区及口袋公园两类，提升标准如下：

（1）综合公园品质提升标准

综合公园面积较大、功能多元，使用时段均质，其空间品质提升，一是应避免不当的利用占据入口空间，规范入口停车，植入苏州历史文化特色符号；二是环境设施配套应具有古城历史文化特色，与古城历史文化风貌相协调，及时维护更新老旧设施；三是丰富绿化层次，打造符合苏式特色的植物组团，强化绿化品质。

（2）社区及口袋公园品质提升标准

社区及口袋公园属于微型公共空间，规模较小，生活性强，使用率较高。其空间品质提升，一是园内设施应采用传统形式，设置具有识别性的景观标志物，如雕塑、环境艺术品等；二是要兼顾不同年龄段的人群使用需求，提供多样的草坡、硬地等活动空间；三是因地制宜地进行本土化景观设计，种植和细部设计充分利用色彩、质地、形状和味道的变

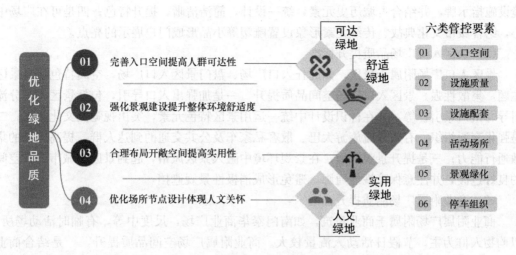

图 3-86　绿地空间管控目标及要素

化创造丰富多彩的美学环境。

4）广场空间品质提升标准

古城片区广场空间从管控要素上可分为交通组织、设施配套、标识系统、文化元素、景观绿化、活动场所六类管控要素，在规划中需保证交通组织畅达有序、功能多元空间精致、展现城市文化历史积淀、塑造闲适社会交往空间，从而激发古城广场空间魅力（图 3-87）。从功能上古城片区广场空间可以分为交通集散广场、景区入口广场、商业附属广场、综合休闲广场四类，提升标准如下：

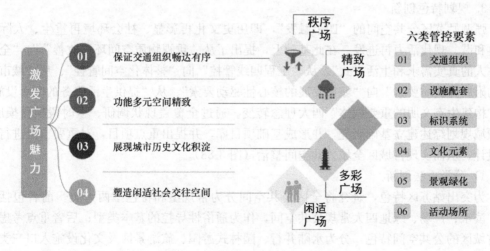

图 3-87　广场空间管控目标及要素

（1）交通集散广场品质提升标准

交通集散广场附属于人流量较大的交通枢纽出入口，空间适中，穿越性交通频繁，停留时间较短。交通集散广场空间品质提升，一是加强人车分流引导，避免交叉干扰；二是设置临时休憩设施，结合古城元素提升夜间照明系统；三是完善交通标识、区域地图、环境设施指示牌，并结合古城历史元素，统一设计，简洁清晰，提升特色；四是可在广场中心，结合城市文化典故、传统元素形象设置雕塑等小品形成门户展示的亮点。

（2）景区入口广场品质提升标准

景区入口广场附属于景区，如虎丘入口广场、盘门景区入口广场，空间特色结合景区主题，集散性强。景区入口广场空间品质提升，一是加强出入口导引，包括景区人车分流引导、出口索引栏等，并在标识设计中统一运用景区特色元素，突出视觉及文化效果；二是强化交通组织，有效分流旅游大巴、散客私家车及公共交通的到达人群，提高广场的集散通行能力；三是提升景观环境，在景观环境中融入景区风格，起到景区与城市公共空间的良好过渡，并注意保障视线通廊，避免形成消极性景观遮挡。

（3）商业附属广场品质提升标准

商业附属广场附属于商业建筑，如南门泰华商业广场，尺度中等，有临时活动场所，以购物人群为主，节假日活动人流量较大。商业附属广场空间品质提升，一是结合商业街，利用人流聚集节点设置休憩设施，并配备夜间照明设施；二是结合商业街区传统风貌完善特色化的标识系统及景观小品，提高商业区的引导性，减缓拥堵；三是在有限的空间内通过必要的绿化打造生态景观，避免过度硬化。

（4）综合休闲广场品质提升标准

综合休闲广场附属于重要公共建筑或街道，如观前小广场，尺度宜人，活动多元，使用时段多与附属建筑及街道功能相关。综合休闲广场空间品质提升，一是要在有限的空间中合理安排硬化与绿化铺装，并在铺地及景观上体现古城文化符号，利用传统元素渗透在活动场地中；二是完善休憩、健身等便民设施，并增设遮阳、遮雨构筑物，满足多种天气人行需求。

3. 规划特色创新

强调姑苏区公共空间的"四个触发"，即历史文化再彰显、社会环境再重生、人际交往再和谐、现代活力再迸发。在此基础上，提出了从"重视物质空间环境改善"向"全面关注人的真实需求和生活方式"、从"工程四线管控"向"整体化空间管控"、从"城市建设的附属性提质要素"向"城市发展的核心性驱动要素"、从"提供生活服务的配套设施"向"构建生态文明的重要载体"四大理念转变。通过全覆盖现状调研、全时段项目摸底、全领域规划综述建立基础研究，并形成基础项目库，并提出重点项目，对重要节点进行详细设计，从而实现古城区全域公共空间整治（图 3-88）。

1）分类方法创新

为突出姑苏区特色，研究将全区公共空间分为常规型和特色型两大类。前者包括街道、滨水、广场、绿地四大常规公共空间，作为通俗性导控的基本类型；后者重点考虑苏州古城区的公共空间特色，分为水陆并行、园林式游园、旅游景区及文化设施入口三类特色公共空间，并根据空间及使用人群特点提出建设重点。

2）导控方法创新

对于常规型公共空间，对四大类、十二中类、十五小类的公共空间管控体系，以及每一管控要素提出普适性的策略。

对于特色型公共空间，主要致力于解决古城公共空间的现状"痛点"形成可漫步、有设计、可阅读的古城公共空间意境，并对三类特色公共空间提出针对性管控策略。

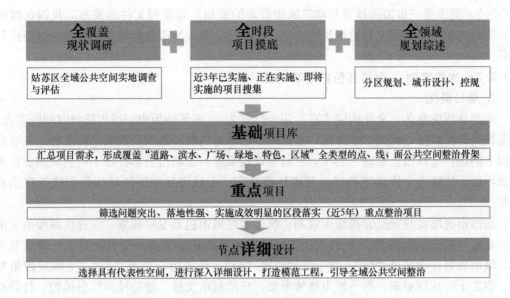

图 3-88　管控实施抓手

除提出管控策略外，还创新性提出公共空间负面管控清单，避免出现风貌突兀、空间单调、环境失调等问题。

3）实施指导特色

基于现状摸底，研究设立三年行动实施项目库；为增加研究实施的指导性与时效性，考虑"片区-个体"的兼顾，将平江重点功能区、32 号街坊以及子城展示轴沿线区域等重要片区列为年度重点项目，着重对片区内特色及常规各类空间进行一体化更新提升。研究选取阊门街区作为更新示范，对片区内街巷、游园等空间提出详细设计，以此对其他片区做出建设引导。

4）协作机制特色

研究构建"政府部门、居民、企业、社会组织和专业团队"相统一的沟通平台，调动企业、居民的参与积极性，特别鼓励老人、儿童参与设计，制定自下而上的长期可持续的微更新计划。

研究建议编制出台《姑苏区公共空间建设管理规定》《姑苏区责任规划师制度实施办法（试行）》，聚焦于实施和操作层面，对公共空间实施项目起到公平公正的运转保障作用。

3.8.2　城市色彩专项规划

3.8.2.1　城市色彩专项规划背景

改革开放以来，我国城市建设进程速度之快，令人惊叹，但随之而来的城市问题也愈加严重，其中"千城一面""万楼一貌""大花脸"等现象普遍存在。为协调新城与旧城之间的空间过度，色彩规划成为重要应对策略。一直以来，独特的城市色彩也是城市形象的重要名片，诸如意大利都灵、日本奈良、中国北京等国内外大都市都在为拥有一份属于自己的"色彩指南"而在城市规划设计上努力做功课[15]。因此，近年来随着《城市设计管理办法》《关于进一步加强城市与建筑风貌管理的通知》等系列文件的发布，我国在城市色彩层面的研究与实践也开始逐步规范化、法制化，有关城市色彩规划的热潮正逐渐拉开帷幕。

3.8.2.2 实践案例：南昌县色彩专项规划

1. 项目概况

南昌县历史悠久，文化内涵丰富，距今已有 2200 多年的历史。城市建设时间跨度大，从老城区到新城区，再到产业片区，整体城市色彩由内向外逐渐呈现失序的态势，主要存在以下问题：①城市色彩缺乏层次，空间景观效果差；②城市色彩特征不明显，历史色彩传承不佳；③注重个体建筑色彩，忽视环境协调；④城市各功能区域的色彩缺乏联系和互补。

南昌市提出要高起点完善城市规划，统筹做好城市色彩专项规划，在建设高颜值城市上实现新突破。南昌县 2021 年政府工作报告提出要深化落实南昌市有关要求，今后五年内，城市规划建设要更"精"，城市管理要更"细"，产城融合要更"深"。为响应政策号召，落实上位规划要求，提升城市整体形象，延续城市文脉，塑造城市特色风貌，特启动《南昌县城市色彩专项规划》编制工作，规划涵盖南昌县中心城区以及姚湾、市汊港、武阳片区，总面积约 218.6km²。

2. 工作思路

结合国内外先进城市色彩规划实践案例，初步探索了色彩规划一体化的工作思路（图 3-89）。首先，对南昌县城市色彩发展脉络进行梳理，通过现场踏勘、调研问卷、部门走访等方式，总结出南昌县城市色彩发展现状及存在问题，重点研究基于南昌县地域特色的城市色彩概念总谱；其次，依据上位规划、城市功能定位、分区以及不同类型建筑，提出南昌县城市色彩分区、分级以及分类管控措施，同时，采用刚性与弹性相结合的模式，既坚守城市色彩管控底线，又为城市色彩塑造预留一定创作空间；最后，与城市行政管理部门对接，将色彩规划成果转化为城市色彩管理实用手册，以"条例＋图则"的形式指导城市色彩规划与建设[16]。

3. 规划内容

1) 宏观层面——色彩目标与定位

（1）城市色彩目标

将城市色彩规划与城市空间结构、建筑类型、城市家具等进行有机结合，通过建筑色彩、街道立面色彩、城市家具色彩等载体，提升城市空间品质，塑造核心片区魅力，打造城市品牌形象。

（2）城市色彩定位

依据南昌县上位规划要求、现状色彩特征以及现代化的审美标准，规划将南昌县的城市色彩特征定位为"长天秋水、五彩昌南"。"长天秋水"与"五彩昌南"是在色彩上素净与跳跃的一双对比，"长天秋水"的色彩是中低纯度、中高明度清澈、雅致的青、玉色调；"五彩昌南"是指彩霞碧空的绚烂，寓意"五彩福地、大美昌南"的美好，体现南昌厚重赤诚的本土文化印记和自然环境色彩特质。在"长天秋水"的清澈、雅致大背景下，缀以低纯度、中高彩度的"落霞彩"、南昌红色文化基因提炼"昌南赤"点缀色，使城市色彩整体和谐而不失丰富度，体现南昌县新锐、现代的城市印象。

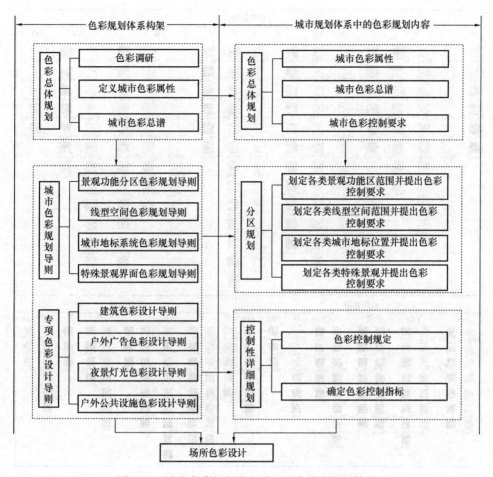

图 3-89　城市色彩规划有机融入现有城市规划体系

（3）城市色彩概念总谱

对南昌县城市现状色谱、特征色谱以及补充色谱进行提取，通过色彩模型分析，总结出南昌县城市色彩概念总谱（图 3-90）。城市色彩概念总谱是对城市色彩宏观层面的引导，城市各分区色彩、建筑色彩以及城市家居等色彩应与之相协调、避免冲突。

2）中观层面——色彩分区、分级与分类

（1）城市色彩分区

依据自然地理、历史文化和功能定位对城市色彩进行分区，规划以《南昌县国土空间总体规划（2019—2035 年）》（过程稿）空间结构作为分区骨架，以城市风貌作为分区基础，划定出三个色彩片区，即南昌县老城片区、新城片区和产业片区。根据各片区现状色彩特征以及未来发展方向，明确其色彩定位和色彩规划策略，并从城市色彩概念总谱上筛选出符合片区定位的基调色推荐色谱[17]（图 3-91）。以南昌县老城片区为例，该区域定义为南昌县中心，以商办建筑、公共建筑、居住建筑为主，应体应体现温润、沉稳、典雅的色彩形象。片区色彩宜以无彩中明度、低彩中高明度的 R、YR、Y、PB 为主色调，以中彩度、中高明度 R、YR、Y、PB 为辅助色，适当采用中低明度、中高彩度的其他色相作为点缀色。

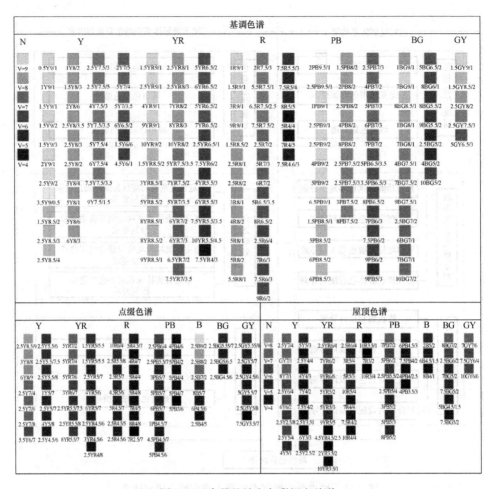

图 3-90　南昌县城市色彩概念总谱

新城片区——现代雅致

该片区以商办、居住为主，是南昌县重要建设发展地段，宜采用长天青色系、秋水玉和落霞彩系，以中高明度、中彩度的Y、YR、BG、PB等作为主色调，并适当用中低明度、中高彩度的R、YR、Y、RP等作为调节、点缀。

老城片区——朴实沉韵

该片区为南昌县中心，建筑年代久远，有一定的文化底蕴，宜采用秋水玉、落霞彩、昌南赤色系，以无彩中明度、低彩中高明度的R、YR、Y、PB为主色调，以中彩度R、YR、Y、PB为辅助色，适当用中低明度、中高彩度的其他色相作为点缀色，突出沉韵典雅的色彩特征。

产业片区——简洁明快

该片区以工业厂房、办公研发以及部分居住建筑为主，色彩宜展现高效、明快特征，宜采用长天青色系、落霞彩色系，以中高明度、无彩度、低彩度的R、YR、Y、PB为主色调。以中高明度、中彩度的R、YR、Y、PB为辅色调，同时与自然环境相融合，城景共生。

图 3-91　南昌县各片区色彩定位与特征

（2）城市色彩分级

根据南昌县不同地区的重要性，采取不同的色彩控制手段和尺度，以保证城市色彩规划管理的刚性和弹性。规划以《南昌县国土空间总体规划（2019—2035 年）》（过程稿）确定的结构、节点、廊道、界面作为分级控制划分的参考依据，将南昌县色彩等级分为严格控制区、中级控制区和一般控制区三类，并针对不同控制区提出相应的控制要求（表 3-5）。

南昌县色彩控制区控制通则　　　　　　　　　　　　　　　表 3-5

控制分区	控制要求	控制强度
严格控制区	明确划定严格控制区的主调色、辅助色、点缀色和禁用色（负面清单）	—
	严格控制区的主调色、辅助色须符合该区色调变化逻辑，应从所在片区导则给定的色谱中选择	强制性
	严格控制区禁用色谱依据"禁用色谱-负面清单"执行，严禁采用禁用色谱（负面清单）内的色彩	强制性
中级控制区	引导划定中级控制区的主调色、辅助色、点缀色和禁用色（负面清单）	
	中级控制区块间建筑色彩形成过渡趋势，参考推荐色谱中自由选择合适的主色调、辅色调和屋顶色	强制性
	中级控制区禁用色谱依据"禁用色谱-负面清单"执行，严禁采用禁用色谱（负面清单）内的色彩	强制性
一般控制区	一般控制区所在片区编制控制性详细规划、城市设计时，应依据本规划落实色彩控制要求	建议性
	一般控制区主调色、辅助色、点缀色谱参考导则分区色谱进行选择划定	建议性
	一般控制区禁用色谱依据"禁用色谱-负面清单"执行，严禁采用禁用色谱（负面清单）内的色彩	强制性

（3）城市色彩分类

根据城市建筑使用功能的不同，将其分为居住类、文体与教育类、行政与医院类、工业仓储类四种不同类型，并分别对其建筑色彩进行规划与指引。一方面能够反映出不同功能建筑对于色彩的要求，从而为色彩的选择提供更加细致的引导；另一方面能够结合分区色彩特征，将推荐色彩落实到建筑立面上，从而较为直观地展现色彩搭配效果。以南昌县老城片区为例，在片区色彩推荐色谱基础之上，对不同类型的建筑提出相应的要求，居住类建筑可采用中彩度、中高至中低明度的暖红黄色系，推荐同一色相、不同彩度的两种或几种颜色进行外立面配色；文体与教育类建筑色彩应选择能够体现当地文化底蕴的色系与材质来呈现，"大气稳重、雅致人文"是其营造目标；行政与医院类建筑色彩应选择能够体现当地文化底蕴的色系与材质来呈现。

3）微观层面——色彩规划实施

规划结合《南昌县国土空间总体规划（2019—2035 年）》（过程稿）中确定的空间结构、节点、廊道，提出一江两岸、莲溪河、莲塘大道、小蓝大道-澄湖北大道、银三角立交等城市重要轴线、节点的色彩控制引导，同时针对南昌县斗门司令部旧址、莲塘镇政府、小蓝北路安置小区等重要建筑节点提出色彩改造策略（图 3-92）。将南昌县规划区分为 42 个管控单元，266 个街坊，分别制作每个单元的色彩导则，划分街坊提出具体管控

135

要求；同时结合国内外相关城市色彩规划实施管理经验及南昌县实际情况，提出南昌县城市色彩管理工作思路（图 3-93）。

色彩引导建议：（暖色系）
①建筑物的基调色以低彩中明度的Y色系为基础，体现有温度感的色彩氛围；
②建筑中高层部位使用中彩中明度的PB、YR作为点缀色，用配色的力量减轻色彩单调感；
③靠近行人视线的底层部分使用质感丰富的，且与主调色相配的中彩中明度的YR砖石材料作为辅助色，演绎出沉稳、大气形象；
④底层装饰门框使用低彩中明度的YR作为点缀色；
⑤结合街道路灯悬挂条幅，其色彩宜采用具有高诱目性的城市标志性色彩，如昌南赤、长天青色，以展示城市重要节庆、会展、活动等关键性信息。

图 3-92　小蓝北路安置小区色彩引导

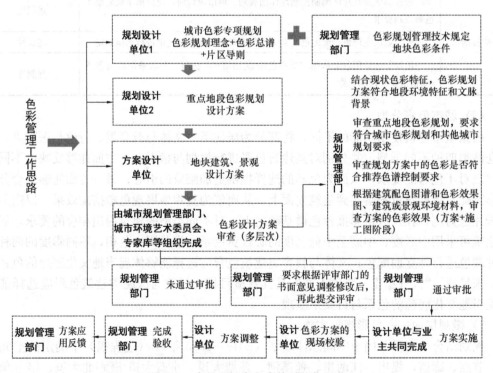

图 3-93　南昌县城市色彩管理工作思路

4. 特色创新

1）深耕地域，探索多维视角下城市色彩现状规划基于城市自然环境色彩、人文环境色彩以及人工环境色彩等不同视角，采用点、线、面相结合的调研方式，力求获得最全面的南昌县城市色彩现状，为后续色彩规划的形成提供强有力支撑。

2）体系构建，从宏观、中观、微观三个层面建立完整的城市色彩体系

在宏观层面，规划借鉴国内外先进城市色彩规划经验，并结合南昌县城市色彩现状特征及未来发展方向，制定符合南昌县未来城市发展的色彩规划总体方案。在中观层面，规划结合上位规划，提出南昌县城市色彩分区，同时采用刚弹结合模式，构建城市色彩三级管控的具体方法，最后根据建筑功能的不同制定相应的色彩管控要求。在微观层面，将城市色彩规划纳入行政治理，设计城市色彩实施措施管控流程，以"条例＋图则"的形式，将色彩规划成果转化为色彩管理实用手册。

3.8.3　地下空间利用专项规划

3.8.3.1　地下空间利用专项规划背景

1982 年联合国自然资源委员会将城市地下空间定位为"潜在而丰富的自然资源"。国外发达国家（如日本、法国等）都在对地下空间进行有序、合理、经济、高效地开发利用，将其广泛地用于市政、交通、仓储、防空、环保、商业、文化娱乐、科学实验等领域，并已取得了很大的成就，积累了丰富的经验。实践证明，城市地下空间开发利用可以缓解城市地面空间的压力，提高城市综合利用率，同时也可以为城市提供更多的公共服务设施和商业用途。

伴随着我国城市建设的快速发展，土地紧缺、资源紧张、环境污染、交通拥堵等"大城市病"日益突出，开发城市地下空间将成为城市可持续发展的必然选择。目前，为促进地下空间的合理开发利用，国家各部委出台各类政策性文件。住房和城乡建设部分别于2016 年、2019 年发布了《城市地下空间开发利用"十三五"规划》和《城市地下空间规划标准》GB/T 51358，明确了"十三五"时期的主要任务和保障规划实施的措施，制定了国家层面地下空间开发利用的标准体系。

原国土资源部 2017 年印发的《关于加强城市地质工作的指导意见》和自然资源部2019 年印发的《关于全面开展国土空间规划工作的通知》，均明确将地下空间资源的开发利用作为总体规划的重要内容进行统一规划。

3.8.3.2　实践案例：苏宿工业园区地下空间专项规划

1. 项目概况

该园区是江苏省委省政府实施"区域共同发展""加快苏北工业化"等一系列重大战略决策的重要载体，是苏州与宿迁南北两市紧密合作共建的新型工业园区，是两市政府间最重要的合作项目。

园区始建于 2006 年，作为江苏省首家南北共建园区，历经 10 余年的发展，取得了骄人成绩。随着园区步入城市建设的加速发展阶段，城市功能逐步完善，需要地下空间支撑。然而园区的地下空间利用规划编制工作相对滞后，重点区域大都无地下空间详细规划指导，缺乏相关编制标准和规范，缺少深度的规划和对地下空间建设的控制要求。

因此，亟须通过地下空间利用专项规划来协调园区地上、地下的空间关系，提升园区地下空间综合利用效率，提高园区综合承载能力，促进园区持续健康发展。

2. 工作思路

1）统筹开发策略

地下空间是对多种地下功能的整合统筹，鼓励一体化的开发建设，实现商业设施的规模效应，并通过商业收益补偿公用设施投入，保证地下通道等公用设施落实，强化各发展核心辐射功能，带动板块价值提升。

2）高效共享策略

地下开发本身具有不可逆性，规划应强调预先统筹控制，在重点地区通过引导相邻地下车库成片开发与地下公共空间相互连通的两种建设方式，促进资源共享与集约利用，提升公共节点服务功能。

3）上下兼顾策略

地下空间的利用方式与地面上的功能息息相关，在一定意义上，地下空间的开发利用是地面功能的延续和补充。地下空间的开发能够提供充足的交通设施、基础设施和步行空间，从而有效地保护地面的历史、人文和自然景观，缓解商业中心地区集中的交通和停车矛盾，延伸地面网络（绿化步行街、商业街等）的综合功能。

4）可持续发展策略

地下空间规划应注重与近远期建设规划的结合，坚持可持续发展的原则。合理安排开发时序，建设与开发过程中重视环境效益。将地下空间开发利用的功能置于不同的竖向开发层次，充分利用地层深度。在现阶段科学利用浅层，作为近期建设和主要城市功能布置的重点，积极拓展次浅层，统筹规划次深层和深层地下空间。

5）以人为本策略

地下空间是一种特殊的人群活动空间类型，地下空间环境有着自身的局限性，往往会对人的心理和生理产生一定的消极影响，规划应遵循空间环境塑造人性化的原则，通过园林式下沉广场、开敞空间等增强地下公共空间景观层次，把绿化自然地引入地下，建设高品质地下休闲活动空间。

3. 规划内容

1）总体规划层面

总体规划层面的主要工作内容包括分析园区地下空间开发利用现状与需求，评估园区地下空间资源条件，提出与地面规划相协调的园区地下空间开发利用的方向和原则，预测园区地下空间开发利用规模，确定地下空间开发利用的目标策略、规划布局和管控要求等，合理引导各类地下设施建设，统筹安排近、远期地下空间建设时序，制定规划实施保障措施（图 3-94）。

2）重点片区详细规划层面

重点片区地下空间的详细规划需要结合地面控制性详细规划和城市设计，并基于集约土地利用、综合开发的原则，进行地下空间的规模化开发，同时应考虑连片开发、联合开发，建设集交通、商业、人防等功能于一体的综合化、系统化地下空间（图 3-95）。

地下空间一层功能主要包括公共地下街、地下商业、地下人行通道、地下停车库（含人防）、地下市政管线等。通过公共地下街串联玄武湖西路以及红海大道两侧商业办公建筑，结合地下综合体、地下商场的打造，以及下沉广场的设置，将核心区地下一层空间联通，形成连续步行体系。同时结合公园绿地设置半地下停车场，缓解核心区停车压力（图

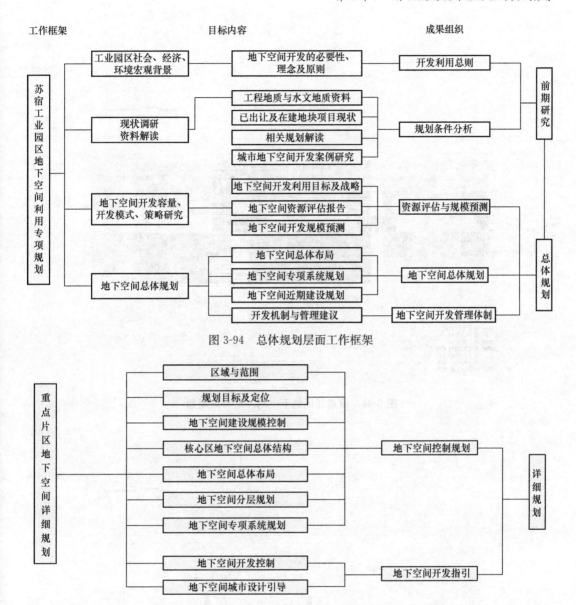

图 3-94　总体规划层面工作框架

图 3-95　详细规划层面工作框架

3-96)。地下空间二层功能主要包括地下停车库（含人防）、设备用房、地下车行连接通道等。规划在地下二层通过地下车行连接通道串联核心区各个地块的地下停车库，实现地下停车资源共享，缓解地面交通压力（图 3-97）。地下空间三层功能主要包括地下停车库（含人防）、设备用房等（图 3-98）。

4. 特色创新

1）科学评估地下资源

建立评估体系以资源调查及总体规划布局为基础，对园区内的城市建设用地，分别从自然条件适建性评价、城市建设条件适宜性评价和生态评估三方面进行归纳和分析，建立综合评估体系。通过对各种限制因素的定性分析和定量分析，对地下空间进行评价(表 3-6)。

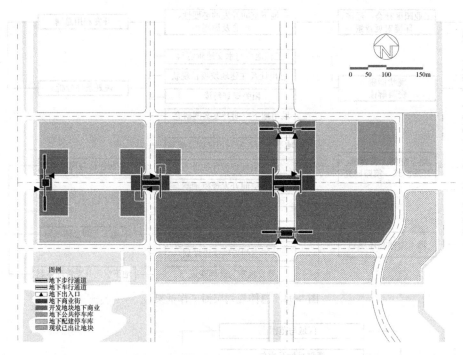

图 3-96　重点片区地下空间一层布局规划

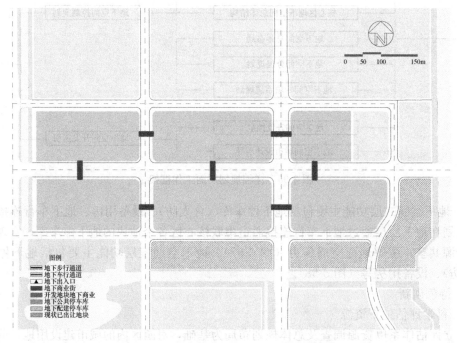

图 3-97　重点片区地下空间二层布局规划

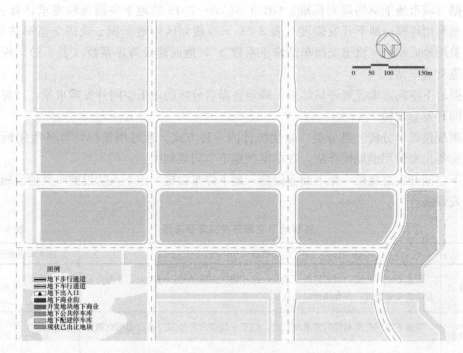

图 3-98 重点片区地下空间三层布局规划

地下空间资源评估因素 表 3-6

地下空间资源评估因素	自然条件适建性评价	地质构造条件	地质稳定性、断裂带
		水文地质条件	地下水类型、埋深
		工程地质条件	岩土特征、地基承载力
	城市建设条件适宜性评价	城市空间条件	用地功能、开发强度、城市结构
		城市交通条件	交通可达性
	生态评估	生态廊道、生态斑块	—

综合考虑以上评估因素，将园区地下空间开发划分为四类控制分区：禁建区、限建区、适建区和已建区。

禁建区：主要包括地震断裂带及周边 50m 范围的区域，以及规划区内生态河道区域。

限建区：主要包括地质条件不适合开发地区以及区内水系两侧的公园绿地等生态条件较好需要保护的地区。这类用地可进行地下空间开发，但开发难度较大，投入成本较高，需求度也较低，地层生态环境的平衡对地下空间开发的敏感性较高，一旦进行开发需慎重预估对生态环境的影响并做防治措施。

适建区：主要分布在没有特殊地质条件约束，基本不受生态保护限制，为区内大部分建设用地范围，该区域适合进行各类地下空间建设。

已建区：已建成区内地下空间资源不作为可再度利用的地下空间资源，而应重视现有已开发空间资源的整合与系统化连通。

2）合理预测开发规模

　　根据《城市地下空间规划标准》GB/T 51358—2019 的地下空间规模需求计算公式，地下空间利用规模＝地下开发强度（表 3-7）×（规划区用地面积＋轨道交通车站 500m 半径覆盖用地面积）×轨道交通车站修正系数 ）×地面建设修正系数（表 3-8），规划不涉及轨道交通车站。

　　根据地下空间需求等级评估结果，确定各需求分区的地下空间开发需求量，计算园区地下空间开发总规模。

　　分项规模需求分析法是分类、量化统计的一种方式。通过用指标计算各项用地的面积，相加得出来的用地规模算法。在本案例地下空间规划中：

　　地下空间开发总规模＝地下商业设施＋地下停车设施＋地下人防设施＋其他设施＋现状已开发设施。

各级地下空间开发强度参考值　　　　　　　　　　　表 3-7

分区类型	特征	地下开发强度
一级需求区	对地下空间开发利用的需求度最高，位于园区商业中心、行政中心等城市公共功能集聚地段，开发强度较高地区	0.30～0.60
二级需求区	对地下空间开发利用的需求度较高，位于一级需求区外围公共活动相对频繁地段	0.20～0.35
三级需求区	对地下空间开发利用的需求性一般或较低，主要按照人民防空、停车配建要求开发地下空间的地区	0.10～0.25

地面建设修正系数参考值　　　　　　　　　　　表 3-8

地面容积率	≤0.8	0.81～1.00	1.01～1.50	1.51～2.00	2.01～2.50	＞2.50
地面建设修正系数	0.8	1.0	1.2	1.4	1.6	1.8

　　综合分析两种预测方法的结果，充分考虑到各种预测方法的局限性，并且结合园区地下空间的发展实际情况和未来需求，预测出至规划末期，规划区地下空间开发总量。

3.8.4　低碳（零碳）产业园区规划

3.8.4.1　低碳（零碳）产业园区发展历程

　　近年来，我国出台了一系列政策文件，积极推动园区绿色低碳转型，绿色园区、生态工业园区、低碳园区、低碳工业园区、近零碳园区、净零碳智慧园区等新概念、新模式不断出现。随着"双碳"战略的提出，相关概念认识持续深化，建设重点更加聚焦，标准越发清晰。总的来讲，零碳园区的发展经历了从循环经济工业园、生态工业园区、低碳园区、近零碳园区、净零碳智慧园区的发展历程。

　　循环经济工业园。通过模拟自然生态系统生产者、消费者、分解者的循环途径改造产业系统，建立"产业链"的工业共生网络，以实现对物质和能量等资源的最优利用。

　　生态工业园区。通过物质、能量、信息等交流形成各成员相互受益的网络，使园区对外界的废物排放趋于零，最终实现经济、社会和环境的协调共进。

　　低碳园区。在满足社会经济环境协调发展的目标前提下，以系统性产生最小的温室气体排放获得最大的社会经济产出，以实现土地、资源和能源的高效利用，以温室气体排放强度和总量作为核心管理目标的园区系统。低碳园区是以降低碳排放强度为目标，以产业低碳化、能源低碳化、基础设施低碳化和管理低碳化为发展路径，以低碳技术创新与推广应用为支撑，以增强园区碳管理能力为手段的一种可持续的园区发展模式。

近零碳园区。通过能源、产业、建筑、交通、废弃物处理、生态等多领域技术措施的集成应用和管理机制的创新实践，实现区域内碳排放快速降低并趋近于零的园区空间，其经济增长有新兴低碳产业驱动，能源消费由近零碳能源供给，建筑交通需求由智慧低碳技术满足，持续演进并最终实现"碳源"和"碳汇"的平衡。

净零碳智慧园区。在园区规划、建设、管理、运营全方位系统性融入碳中和理念，依托零碳操作系统，以精准化核算规划碳中和目标设定和实践路径，以泛在化感知全面监测碳元素生成和消减过程，以数字化手段整合节能、减排、固碳、碳汇等碳中和措施，以智慧化管理实现产业低碳化发展、能源绿色化转型、设施集聚化共享、资源循环化利用，实现园区内部碳排放与吸收自我平衡，生产生态生活深度融合的新型产业园区。

3.8.4.2　低碳（零碳）产业园区发展特征

低碳（零碳）产业园具有以下四大特征[18]：

特征一：构建零碳能源供给体系。零碳产业园有零碳能源供给系统，风光储氢结合智能电网可以给园区提供零碳的能源。

特征二：推动零碳产业和技术的发展和应用。零碳产业园必须要汇集规划生产零碳的产品，产品可以帮助社会减碳，并且要运用最新的零碳科技孵化它。

特征三：具有智能物联管理内核。零碳产业园需要具备智能的基础设施，从物联网到智能的工厂、智能的交通、智能的建筑，成为一个系统，成为一个体系，有一个智能的系统管理，做到系统的优化。

特征四：为区域创造低碳转型动能。零碳产业园不仅要为园区制造零碳的产品，更要为地方区域去推动低碳的转型，产品可以为区域做到减排，并且培养绿色的人才梯队，给区域的低碳转型做服务。

3.8.4.3　实践案例：青海零碳产业园控制性详细规划

1. 青海零碳产业园区发展背景

青海省提出"一优两高"的新部署。"一优"是指以生态保护优先协调推进青海经济社会的全方面发展，"两高"是以高质量发展满足人民群众对美好生活的向往，以创造高品质生活积极践行以人民为中心的发展思想。

青海零碳产业园区未来的发展建设，应充分贯彻"一优两高"的战略部署，推进绿色发展、生态发展，努力实现在保护中发展，在发展中保护。依靠保护生态环境，培育生态资源，让自然资本增值，实现保护与发展、保护与财富增值的良性互动，创新生态保护和生态文明制度建设与实践，构筑生态文明高地；根据零碳产业园区在区域中的功能定位，推进现有产业向高质化、高端化、绿色化、零碳化转型，推动制造业向数字化、网络化、智能化转变，培育发展新动能，提高科技创新驱动力，建设知识型、技能型、创新型、生态型产业，推动产业转型升级，实现高质量发展。

2. 青海零碳产业园区的定义

构建以100%绿电为基础的新能源体系，推动能源绿色化转型，搭建智慧化的零碳管理平台，实现园区产业的绿色低碳发展。园区内产业通过碳减排产生的少量碳以及市政设施、基础设施等直接或间接产生的碳排放总量，通过碳核算、碳抵消等多种措施，实现园区内的碳排放与吸收的自我平衡，打造从规划建设到管理运营全方位、系统性碳中和下的净零碳智慧产业园区。

3. 青海零碳产业园区的定位及目标

1）功能定位

将园区打造成以"双碳"、产业"四地"建设为战略指引，以"国家级零碳技术集聚区和先行园区"为目标，以零碳为标准，与周边区域协调发展的零碳产业园区，构建"零碳先锋谷地、智慧科技园区"。

2）规划目标

低碳建设目标：2022—2025 年逐步打造低碳产业园区；

碳达峰目标：至 2029 年实现碳达峰；

零碳建设目标：至 2035 年规划期末完全实现零碳产业园区。

4. 青海零碳产业园区的规划建设

1）构建零碳规划体系

规划以零碳园区为目标，从能源供给、零碳产业、能源应用、碳捕捉和运营管理五方面构建零碳规划体系，以此为总框架深入谋划青海零碳产业园区规划（图 3-99）。

图 3-99　青海零碳产业园区
零碳规划体系

2）零碳产业规划

规划形成两大产业片区，以光伏为主的新能源多能融合产业区和以锂体系为主的电化学电池产业区。

（1）以光伏为主的新能源多能融合产业区

上游硅料供应，借助海东地区天然的矿产优势，利用园区内绿电等资源优势主要发展改良西门子路线制备多晶硅，从工业硅到多晶硅再到单晶硅，以资源优势吸引"垂直一体化"模式的企业入驻，覆盖硅片、电池、组件、光伏电站；大力发展细分环节大型企业入驻；填补国内产能不足，发展 182mm 及以上大尺寸硅片；根据晶硅薄片化趋势，提升切割良率。

中下游多晶硅应用，发展光伏玻璃组件，降低运输难度与成本，发展逆变器、支架等，使用绿电降低能耗。

光伏组件使用玻璃背板更具优势，但玻璃背板质量高，运输易破损，运输成本高。为降低运输成本，可在电池片产业周边部署光伏玻璃组件制造产业。逆变器、支架等设备能耗为 0.36kWh/W，为光伏组件中除电池片外能耗最高的组件，利用园区绿电优势可以有效降低能耗。

（2）以锂体系为主的电化学电池产业区

发展动力、储能锂电池中游产业，制备正负极材料、电解液等材料，利用绿电资源、土地优势、交通枢纽优势吸引主机厂、电池龙头企业进行电芯生产与电池组装。推进锂电池回收的科技成果转化和产业化，建立锂电池回收利用园区中心站，做好电池回收实现产业循环，形成锂电池回收体系。推动固态电池中固态电解液的研发与技术落地，抓住未来发展趋势，发展钠离子动力电池。

（3）零碳能源供给

青海零碳产业园构建以电力为主的能源消费结构，推动"以电代煤""以电代气""以电代油"，从源头减少碳排放。推动光伏、风电、水电等清洁可再生能源的因地制宜布局，降低以火电为主的市电的使用，提高了绿电应用的比例。

（4）能源应用

在能源应用方面，园区构建包括零碳生产、零碳交通、零碳基础设施和零碳建筑的应用体系，从应用端减少能源排放。重点优化交通耗能，通过布局加氢站，尽可能减少燃油车的使用，减少园区的碳排放；在生产、建设过程中的采取减碳措施。

（5）碳捕捉

通过各种负碳手段将空气中的二氧化碳，主要是二氧化碳捕集利用与封存（CCUS）技术和生态碳汇两方面，生态碳汇主要通过园区绿色生态空间实现，包括公园绿地、道路绿化、屋顶绿化等生态空间（图 3-100）。

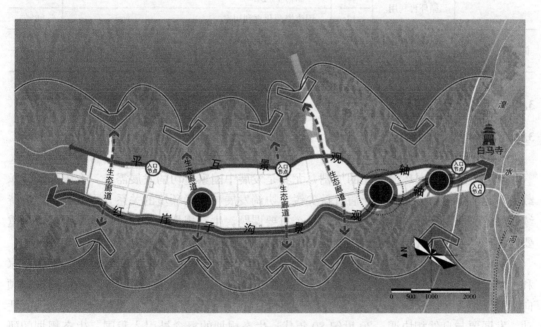

图 3-100　青海零碳产业园区绿地系统规划结构

园区构建"一核两点两轴多带"的生态景观系统，重点沿红崖子沟打造生态滨水空间，并结合生活性街道和绿地空间构建园区通风廊道，构建水绿网络改善园区生态环境。通过绿化固碳方式减少吸收空气中的碳，降低园区整体的净碳排放。

（6）零碳运营管理

利用数字化手段实现对碳全生命周期进行管控，支持企业开展能耗管理、碳管理。

（7）构建零碳指标体系

基于零碳产业园规划体系，构建控制性详细规划零碳指标体系，针对零碳产业园区的特征，制定了 3 个一级指标、6 个二级指标、15 个三级指标[19]（表 3-9）。

青海零碳产业园区零碳指标体系   表 3-9

一级指标	二级指标	序号	三级指标	引导值
基础设施	交通系统	1	低碳公共交通比例	100%
		2	充电桩设施比例	100%
		3	低碳物流运输比例	50%
		4	低碳出行比例	80%
		5	综合能源站	3处
	建筑系统	6	绿色公共（工业）建筑	100%
		7	装配式建筑比例	20%
		8	屋顶光伏面积比例	50%
能源与循环利用	能源系统	9	可再生能源占比	20%
		10	分布式供能系统	有
		11	余热/余冷/余压利用率	70%
	循环再利用	12	产品再生利用率	90%
		13	固废资源化再利用率	95%
低碳管理与技术	碳管理	14	零碳数据中心	设立
	碳汇	15	绿化率	30%

3.8.5 生态专项规划

3.8.5.1 生态规划的概念

1. 发展背景

随着全球性生态环境问题的加剧，尤其是发展中国家迫切的发展需求，有限的资源承载力与脆弱生态环境之间的矛盾日益尖锐。协调发展与自然环境的关系，寻求社会经济持续发展，已成为当今科学界所关注的一个重要课题。生态规划是实现可持续发展的一个重要途径，通过生态规划来协调人与自然及资源利用的关系。

生态规划的产生可追溯到19世纪末，以玛希、鲍威尔及格迪斯等为代表的生态学家和规划工作者的规划实践，标志着生态规划的产生和形成。20世纪60年代，生态规划倾向于对土地资源的用途进行规划，生态规划就是土地利用的生态化，强调合理规划人类活动，发展要与自然相协调。20世纪80年代，生态规划的概念被引入我国，生态规划的研究主要延续国外的理论，从土地利用等少数单学科角度开展研究。21世纪初期，傅伯杰、王祥荣等学者从景观学、城市规划学等角度，相对独立地开展研究。王祥荣等学者从城市规划角度，提出生态规划不应局限于土地利用规划，提倡将生态学原理和城市总体规划、环境规划相结合，将生态规划的研究对象逐渐从土地资源转换到城市生态系统。傅伯杰等学者将生态规划的研究扩展到城市景观级层面，依据景观生态学原理和方法，合理地规划景观空间结构，使景观符合生态学原理，具有一定的美学价值，从而适于人类居住。

从21世纪初期至今，随着城市规划学、生态学、地理学、环境科学等学科之间的交叉合作，生态规划研究历经了"从单一学科到多学科，再到多学科的交叉"的过程。包存宽、舒廷飞等对生态规划与规划环评整合的必要性进行了论述，将城市规划、规划环评、生态规划进行整合，共同作为实施城市可持续发展战略的政策工具。

20 世纪末期，城市绿地系统规划一直是相关研究文献的高频词，是生态规划理论和实践的主要内容，也是唯一基于生态理念和目标的法定规划，对于配置城市生态空间、改善城市生态环境起到了重要的作用。

进入 21 世纪后，出现了更多的生态规划类型，如生态控制线、生态带、生态网络、生态功能区、非建设用地、新城及新区、街区、社区、工业园区等生态规划，或针对某一种景观类型，如森林、水域、湿地、流域、绿化隔离带等所做的生态规划，从不同角度对生态规划体系进行了探索。按地理空间尺度，生态规划可分为景观生态规划、区域生态规划、生物圈保护区规划；按地理环境和生存环境可分为海洋生态规划、淡水生态规划、草原生态规划、森林生态规划、土壤生态规划、城市生态规划、农村生态规划等；按社会科学门类可分为经济生态规划、人类生态规划、民族生态规划等；按环境性质可分为生态建设规划、污染综合防治规划、自然保护规划等；按空间目标布置可分为生态城市规划、生态示范区规划或生态区域规划等。

2. 面临的问题

生态规划应遵循国土空间总体规划、控制性详细规划引导并与其相结合才能得到贯彻落实。因此，生态规划需要在总规和控规两个层面展开，以保证生态规划中的重要内容可以充分体现在各个层次规划的编制成果中，并得以实施。总规与控规阶段生态规划的差别主要是内容差别、深化程度差别、空间尺度与时间尺度差别。在总规阶段，生态专项规划的任务，一是从生态系统服务功能优化的角度对总规的主要内容提出建议，包括确定与生态资源环境相匹配的城乡规模，以及适宜、协调的各类用地比例与布局方案等；二是协调其他专项规划，如增加绿地的生态服务功能，增补生态交通、生态基础设施等；三是补充有关生态专项控制内容与政策建议，如生物多样性保护、新能源使用等，制定提高绿色建筑比例、鼓励立体绿化、增加公共交通供给和鼓励垃圾分类收集等激励机制的生态规划管理与政策建议。在控规阶段，生态规划的内容与总规保持一致，但需将总规阶段的内容进行进一步细化、定性、定量、微观落实到详细规划。

3.8.5.2　理论运用和技术措施

1. 理论运用

从编制主体、编制内容、规划成果等方面而言，生态专项规划具有较高的"多样性"，这体现了生态规划对城乡各个系统及领域的渗入，说明了生态规划对城乡可持续发展的积极作用，但一定程度上也是城乡生态规划缺乏统一的技术规范的反映。一般而言，城乡生态规划在尺度上具有宏观、中观、微观三种尺度，城乡生态规划的技术规范既需要有适应所有尺度的基本内核，又要有系列性的、满足不同尺度与类型（如总规、控规、修规）生态规划所需的规程。

通过对现行相关生态环境评价和规划技术标准、规范、相关领域的规划案例进行分析，构建一套生态专项规划的总体技术路线，主要包括生态调查、生态评价、生态系统规划及规划实施途径和策略四大阶段，在各阶段均有相应的规划编制内容和技术方法对其进行支撑。

1）生态调查

生态调查主要包括对城乡生态系统的土地利用、地理、地质、土壤、气候、水文及生物多样性等要素进行调查，必要时还需对有关要素的历史演变进行分析，为后续生态评价、预测提供基础数据与资料。

2）生态评价

生态评价是指在生态调查的基础上对现状生态系统的质量进行评价，包括生态功能评价、资源效率分析和生态功能问题诊断等。

生态功能评价主要是对城乡现状气候调节、水文调节、水环境净化、空气质量改善、固碳和文化服务等生态服务功能进行评价，资源效率分析主要是对城市现状的水资源利用效率、土地利用效率和能源利用效率等进行分析，城乡生态问题诊断主要是总结城乡现状水质、空气质量、土壤质量、热岛效应和内涝等生态问题，诊断问题的成因。

3）生态系统规划

规划方案涵盖的要素内容应根据规划区具体问题而定。一般而言，生态专项规划中对于水系、植被、环境质量和灾害预防要素是需要被重点关注的，应对其相关的空间布局、网络构建、保护目标和关键生态工程措施进行深入研究和说明。同时，基于人地系统一体的理念，对导致生态退化现象背后的产业结构、社会矛盾、建设用地格局等也应有相应的治理和改善措施，避免出现专项规划"重局部、轻整体"的问题。此外还需要善于发掘区域政策、重大项目等机遇实施生态治理和建设措施。

4）规划实施途径和策略

在规划方案完成后，为突出专项规划的实用性，还应在充分调研的基础上，对专项规划实施的策略和途径进行详细梳理，为地方政府落实规划所面临的政策、资金、项目、技术等方面出谋划策。

2. 技术措施

通过对国内外生态规划和相关文件的研究，提取出 10 项基本技术，可以为各层次的城乡生态规划提供技术支撑：GIS 地形与建筑环境三维分析技术、生态敏感性评价技术、景观指数分析技术、生态环境承载力评价技术、环境容量分析技术、生态足迹建模分析技术、空间可达性分析技术、城市宜人度分析模型技术、生态安全格局分析技术、生态安全风险评估技术。

1）GIS 地形与建筑环境三维分析技术

GIS 地形与建筑环境三维分析技术可以作为生态规划中基础数据提取和空间分析的基础性技术。国外以虚拟现实为依托，发展了各种三维虚拟环境技术和系统，主要能够实现地形与地面纹理重建、三维地物重建、纹理数据提取、真实三维环境集成等核心功能，使城市生态规划中适宜性分析、承载力分析、建筑现状分析、土地利用变化分析、空间可达性分析等高级模型得以实现。

2）生态敏感性评价技术

生态敏感性评价及区划是制定生态规划的前提和基础。根据研究对象，可将生态敏感性分析分为三类：单一的生态环境问题的敏感性分析、场地的景观与生态敏感性分析、城乡生态敏感性分析。核心方法有两种：一是通过生态因子评分法和 GIS 技术对城乡生态敏感性进行分析和评价，将城乡划分为高敏感区、敏感区、弱敏感区和非敏感区等；二是以 ArcGIS 系统为平台进行城乡生态敏感性分析，通过制定各单因子生态敏感性标准及其权重对各用地单项生态因素敏感性等级及其权重进行评估，然后进行单因素图的叠加，再用加权多因素分析公式进行叠加，得到综合生态敏感性分层。

3）景观指数分析技术

景观指数是定量测度景观格局及其变化的主要分析方法，在国外生态规划中得到了广泛的应用。采用景观连接度指数、多样性指数、蔓延度指数、形状指数等，对研究区现状生态斑块、廊道与网络进行分析与评价，从而对其中的关键区域与主要问题进行剖析，基于多情景分析提出可能的优化方案，再运用景观指数进行综合比较分析，确定研究区最优的生态规划方案，从而为城市生态规划和景观分析定量化提供了方法。

4）生态环境承载力评价技术

国际公认的城市生态环境承载能力的内涵包括：资源和环境承载能力大小，生态系统的弹性大小，以及生态系统可维持的社会经济规模和具有一定水平的人口数量。发达国家在经历工业革命普遍造成的环境事故之后，已经总结出了一定的评价方法技术，主要通过水资源污染源分析、交通方式及发展、城乡生态绿地保护建设等对城乡生态环境承载力进行评价控制及引导城乡建设和发展。我国此项评价工作起步较晚，并逐步引入到城乡总体规划、交通发展规划、产业结构调整和环境政策制定等方面，但评价方式和分析方法有待于进一步统一和规范。

5）环境容量分析技术

环境容量是指在一定的自然、经济条件下，结合区域环境质量目标，某一区域（空间）范围允许排入区域内污染物的最大量，主要包括水环境容量分析技术（水质模型、非点源污染物定量化技术、混合水体环境容量技术等）和大气环境容量分析技术（分地气候和地形条件的大气扩散模式等）。

6）生态足迹建模分析技术

生态足迹模型通过对比自然生态系统所提供的生态足迹（EC）和人类对生态足迹的需求（EF），可以判断区域中人类对自然生态系统是生态盈余还是生态赤字。这种技术可以对一城市或区域进行可持续发展能力的定量评价，即定量表征人类发展对生态的胁迫强度。虽然对生态足迹概念的理解存在差异，使其计算结果受到质疑，然而实践证明生态足迹建模分析技术可以有效地指导城乡生态规划与建设。

7）空间可达性分析技术

空间可达性用来表达到达某一空间位置的难易程度，其概念是站在人类需求的立场上对物质空间的诉求的描述，其度量可能是空间距离、时间距离或者经济成本等。可靠的空间可达性分析因受大量数据和软件系统的限制在国内还未得到广泛应用，与之有关的概念往往以"影响半径"的形式出现，经常缺乏科学性和有效性。徐建刚教授运用 ArCGIS 使空间可达性定量化得以突破，并在区域规划、城市总体规划、控制性详细规划、修建性详细规划等各个层次作了深入的挖掘和应用，在确定城市腹地范围、产业转移的可达范围、城市人口和各经济要素的空间精确布局等方面取得了显著成效。

8）城市宜人度分析模型技术

城市宜人度分析方法可以用来评判土地利用空间格局的效率和土地利用政策的实施效果。采用线性模型、半对数模型或双对数模型对研究区的重要生态斑块进行宜人性分析，定量评价其价值，从而有效避免城市的无序扩展和蔓延，为城市规划者和决策者在进行城市发展规划、开敞空间规划、城市发展政策时提供科学的依据和参考。

9）生态安全格局分析技术

生态安全是人类在生产、生活与健康等方面不受生态破坏与环境污染等影响的保障程度，包括饮用水与食物安全、空气质量与绿色环境等基本要素。针对生态环境问题中生物多样性信息缺乏、生态系统功能的不确定性、生态系统开放性和联系性尺度经常超越行政管理界限、公众的观念阻碍等问题，生态安全格局主要分析技术包括生态系统健康诊断技术、区域生态风险分析技术、景观安全格局构建技术、生态安全格局途径、生态安全监测与预警技术以及生态安全管理、保障技术等。

10）生态安全风险评估技术

城市生态安全风险评价是对城市系统存在的生态安全风险进行定性或定量评估，评价系统发生事故和灾害的可能性及严重程度。定量风险评价方法（QRA）是最主要的方法，即在重大危险源辨识的基础上，以系统事故风险率来表示危险性大小。发达国家从 20 世纪 70 年代开始使用区域定量风险评价方法研究土地使用安全规划问题，并取得了良好的应用效果。

3.8.5.3 实践案例

1. 三亚南岛高峰片区水生态专项规划项目

1）项目概况

海南省三亚市是具有热带海滨风景特色的国际旅游城市。基地南岛位于三亚腹地山区，距三亚市区仅 20 分钟车程。基地微气候多样，低山、雨林、河流、湖库自然资源丰富，且拥有海南温泉地热资源、丰富的动植物药材，享有山水双重资源。在海南以"沙滩＋酒店＋别墅"为主流的旅游发展下，更加突显南岛高峰片区山水区位的独特性。

由于规划片区三面环山，周边地形复杂，地势起伏较大，面临水土流失、洪涝威胁等一系列安全问题。传统的山地丘陵粗放式开发，破坏了大生态系统的良性循环，因此如何防患于未然，呵护生态系统，充分利用现有的复杂地形，营造安全、生态、特色的旅居小镇，是规划的主要议题。

2）工作思路

项目在整体规划理念指导下，提出包括水系格局、生态格局及景观形态三部分的规划策略，并形成四部分的规划内容，有效进行生态规划建设。

在规划理念上，规划按照"山水林田湖是一个生命共同体"打造区域发展生态标杆，各种自然要素相互依存并实现良性循环的自然生态链；整体形成以"湿地＋森林"为主导的多元复合生态系统的三亚南岛湿地森林公园。

规划在此理念指导下，提出三大规划策略：

塑造安全的水系格局。水系布局首先需要确保基地内雨水径流快速排放，暴雨季节不受洪涝威胁；各地块雨水径流有序汇流，避免产生泥石流或水土流失，消除径流污染；优化基地的水系连通，构建"山溪-河流-湖泊-水景"多维水系空间体系。

塑造优良的生态格局。在确保安全的水系格局的前提下，保留及优化现有生态条件良好的特色资源，实现群落的自然延续；深度挖掘基地生态资源，构建自然生态格局，实行科学的生态功能分区和自然的生态系统。

彰显多元的景观形态。根据土地利用规划，结合建筑及规划，打造自然的景观生态水体，形成多元的景观形态和多元的生态功能，充分保护利用和发挥天然的景观生态资源优势。

3）规划内容

水系规划。对基地现状和水文水系进行充分踏勘梳理与调研访谈后，结合河道功能和用地功能布局对基地水系进行系统规划，确保水系的安全性、功能性和景观生态性。主要工作包括行洪通廊水系布局、岸线形态、水体功能、景观水位、水工设施，以及水库消落带规划等。

水土保持与水资源管理。通过环境基底的深入细化分析，深度挖掘基地生态环境资源，并通过地理信息系统（GIS）的数字化整理，充分结合基地规划方案提出系统的水土保持与水资源管理策略，如雨水径流管理、生态设施及雨水利用措施。

生态专项规划。对基地及区域生态资源的分析，通过地理信息系统（GIS）的数字化整理，深度挖掘基地生态资源（如植物、鱼类、鸟类栖息地、生态廊道等），构建自然生态格局，实行科学的生态功能分区，并对各功能区生态容量进行测算，提出具体的生态保护和生态开发策略，对生态系统进行专项规划。

景观框架规划。在基地环境基底分析的基础之上，充分结合基地规划方案构建总体景观框架，提出功能布局与空间架构，并对规划水系滨水景观进行系统的生态规划，如滨水植物、鸟类栖息地及生态系统等。

4）特色创新

理念创新。运用海绵城市理念，保护特色山体和水域，最大化地保留及修复高敏感性的生态栖息地。根据基地汇水线和水资源状况打造自然生态水体，形成"渗、滞、蓄、净、用、排"自然生态海绵体系。

技术创新。规划过程中，通过模型模拟对基地水安全、水环境、水生态问题进行分析评估，对方案效果进行校核，辅助规划方案的项目决策。水安全提升方案选用 Hec-Ras 模型模拟河道行洪，将模拟结果输入 GIS 模型绘制淹没区范围示意图，用来指导建筑及相关专项规划设计。水环境和水生态提升方案选用 MIKE 21 模型，在区域宏观层次防洪排涝规划的指导下，研究雨水管网系统、场地竖向系统、水系河道系统为一体的综合系统。

2. 鄂尔多斯海绵城市专项规划项目

1）项目概况

海绵城市是生态文明建设背景下，基于城市水文循环，重塑城市、人、水新型关系的新型城市发展理念，在进行城市规划设计过程中，属于生态城市规划的工作范畴。

鄂尔多斯是内蒙古自治区下辖市，位于我国北方生态安全屏障关键区域，是西北重要的生态恢复重建区，华北平原风沙治理的重要源头区之一，生态环境状况直接关系到华北地区中长期生态环境演变格局。2013 年 12 月，在中央城镇化工作会议中，首次提出建设"自然积存、自然渗透、自然净化"的"海绵城市"。为将海绵城市理念和措施进一步落实，统筹解决鄂尔多斯市中心城区水安全、水环境、水生态、水资源等面临的问题，亟须编制鄂尔多斯市中心城区海绵城市专项规划，推进鄂尔多斯市中心城区海绵城市建设，有效结合绿色生态方法与灰色基础设施，充分发挥城市水体、绿地、道路、建筑及设施等对雨水的吸纳、蓄渗、净化和缓释等作用，平衡城市建设与水生态环境的关系，实现城市防洪排涝能力综合提升、径流污染有效削减、雨水资源高效利用，实现小雨不积水、大雨不内涝、水体不黑臭、"热岛效应"有缓解的目标，实现城市的可持续发展。

2）工作思路

项目在建设理念指导下，提出包括生态优先、安全为重及因地制宜等建设策略，并在建设理念及策略的指引下，从现状问题与目标发展双导向下对海绵城市系统规划、管控分区及后续形成规划思路。

建设理念。建设海绵城市，即构建低影响开发雨水系统，主要是指通过"渗、滞、蓄、净、用、排"等多种技术途径，实现城市良性水文循环，提高对径流雨水的渗透、调蓄、净化、利用和排放能力，维持或恢复城市的海绵功能。

建设策略。优化生态优先，尊重生态本底、维护生态功能、优化生态格局；安全为重，消除安全隐患、增强抗灾能力、保障城市水安全；因地制宜，注重场地实情、合理选用适应性低影响开发生态设施（LID）及其组合系统。

3）规划内容

现状分析。海绵城市的规划编制应考虑问题和目标双重导向。在现状分析中研究规划范围内的气象气候、地形地貌、河湖水系、水文地质、社会经济等，为海绵城市总体规划目标和规划方案的科学制定奠定基础。

海绵建设问题分析。对水生态、水环境、水安全、水资源进行充分分析，并针对性提出策略及目标。

目标指标分析。通过海绵城市建设，综合采取"渗、滞、蓄、净、用、排"等措施，最大限度地减少城市开发建设对生态环境的影响。确定水生态目标指标（含年径流总量控制率、可渗透面积比例等）、水环境目标指标、水安全目标指标、水资源目标指标等。

海绵城市系统规划。围绕建设目标和指标要求，全面分析水生态、水环境、水安全、水资源方面的问题和需求，提出相应的技术措施，并在研究的范围内进行优化组合，构建系统方案。

管控分区与建设指引。其中管控分区是规划建设管理过程中，逐层分解落实海绵城市建设目标和控制指标的重要载体。管控分区划分以排水分区为基础，综合考虑水系、地形、防涝设施布局及引水活水需求、易淹易涝片区分布、控规编制单元界线等要素，将城市划分为若干个边界相对明确稳定、规模适度、主导特征相对突出的建设分区；并针对海绵型建筑与小区、海绵型道路与广场、海绵型公园与绿地、河湖水系生态修复以及相关基础设施方面确定近期海绵城市建设方案，为近期海绵城市建设与实施提供指导。

监测评估及保障体系。海绵城市监测体系服务于鄂尔多斯中心城区海绵城市建设过程管控与评估，需要分解细化住房和城乡建设部海绵城市建设绩效评价与考核办法中相关指标，构建真实、系统、完整的考核评估计算方法体系，以客观评估海绵城市在"水生态、水环境、水安全、水资源"方面的定量化改善效果。

4）特色创新

海绵城市作为抓手，统筹多专业、多规划。海绵城市专项规划涉及道路交通、雨污水、绿地、防洪、总规、控规等多个专业和规划，是一个系统工程，海绵专项作为一个抓手，将各个专项统筹在一起。

以水为核心，全方面识别、修复"城市病"。鄂尔多斯由于复杂的地理、气候环境，积累了众多"城市病"，如水环境污染、水生态受损、城市内涝、供水用水结构单一等，海绵城市规划改变当前城市建设的理念，对修复水生态、涵养水资源、增强城市防涝意义重大。

海绵指标制定、设施选取因地制宜。海绵指标的制定，注重鄂尔多斯城市实情，合理选用适应性强、维护成本低、兼具美观的低影响开发生态设施及其组合系统。

3.8.6　竖向规划研究

3.8.6.1　竖向规划背景

竖向规划是依据国土空间规划等上位规划的要求，结合地方特点，与同步编制的城乡总体规划、控制性详细规划、排水专项规划不断协调，在城乡建设用地内，为满足道路交通、排水、防洪、排涝、建筑布置、城乡环境景观、综合防灾以及经济效益等方面的综合要求，对自然地形进行利用、改造，确定坡度、控制高程和平衡土石方等进行的规划。

现阶段城乡建设用地的控制高程未能综合考虑、合理控制，造成各项建设用地在平面与空间布局上的不协调，用地与建筑、道路交通、地面排水、工程管线敷设以及建设的近期与远期、局部与整体等存在矛盾。只有通过科学的建设用地竖向规划才能统筹、解决和处理这些问题，达到整体控制、工程合理、科学经济、景观美好的效果。因此，城乡建设用地竖向规划是城乡规划的一个重要组成部分，保障区域经济社会的可持续性发展。

3.8.6.2　竖向规划工作思路

做好衔接规划水系的工作，解决好地表排水并满足防洪排涝要求。结合区域防洪、道路、已建区域、河流等因素，综合考虑确定道路的主要控制高程和纵坡等参数，防止出现城市内涝、道路积水等问题。

衔接道路交通规划，合理控制道路桥梁高程。结合整体地形、地势、地质情况，对区域内道路和地块高程进行规划控制，满足交通运输要求，提高交通运输效率，减少交通事故。

衔接土地利用规划，指导地块竖向建设要求。结合区域建设用地布局规划，综合考虑地块用地性质和地下空间开发，统筹规划建设用地的竖向要求，减少工程土方量。

因地制宜，为美化环境创造必要的条件。竖向规划是落实总体规划中城乡风貌特色和景观的重要手段，对特色的风貌的塑造和维护、环境的美化有着重要的作用。

3.8.6.3　竖向规划策略

1. 竖向分区及控制导引

依据苏相合作区防洪排涝规划，规划区划分为七个分区，根据各分区地形特点及规划用地布局，对每个分区开展系统的竖向规划工作。控规和城市设计进一步衔接，进行控规层次的竖向设计。各分区竖向规划应因地制宜，通过对各个竖向分区的地形特点、现状条件和用地规划布局进行分析，结合防洪排涝河道布局和用地建设需求，考虑水系、路网、绿地竖向的协调，提出各分区竖向规划重点，多措施并行，确保防洪排涝安全，降低本区域的填方量。

2. 落实建设项目竖向设计管理

1）完善城市竖向管理体系

城市竖向规划是一项系统的、庞大的工程，是城市规划的重要组成部分；实施更是一项长期、艰苦的工作。城市地面高程规划是伴随城市规划各个阶段的完整体系，由于受总体规划阶段面积很大、地形图数据量巨大等因素制约，规划重点体现在控制网络的建立上，因此规划在执行时还需继续完善下一级层次地面高程控制网络，对本规划进行进一步的深化、补充和完善，以达到有效、合理、经济地控制地面高程。

建议在城市各级土地利用规划中均应做好城市用地的利用分析，严格保护城市周边自然地形地貌，严禁随意开挖填土等行为，使城市周边地区生态环境质量、景观面貌得以持续改善和提升。

2）加强竖向规划刚性控制管理和弹性措施衔接

城市用地范围确定后，各专业规划应会同竖向规划首先初步确定一些控制高程，如防洪堤顶、公路与铁路交叉控制点、大中型桥梁、主要景点等关键性控制坐标和高程，后续规划阶段不要轻易改动。城市河道既是城市生态环境和城市景观的重要组成部分，又是城市洪涝灾害的主要载体。城市防洪排涝治理河道是关键，也关系到城市规划地面高程是否安全的决定因素，因此加强河道规划控制，及时疏导和整治河道，有效提高河道调洪、泄洪能力，降低洪水位，是减少内涝、保障城市的重要途径。

3）项目竖向设计的动态更新和反馈要求

竖向规划是基于目前总体规划或城市设计基础上开展完成的竖向控制规划，而城市规划在实施过程中通常具有动态变化性，如道路系统的动态更新应及时反馈到道路标高控制系统，进行相应的调整完善；同时，竖向规划作为下一层次规划以及城市道路工程设计中标高控制的指导文件，下一层次规划以及城市道路工程设计在竖向规划指导下，可根据实际情况对局部标高控制进行优化和完善，保持规划实施的适度弹性和动态更新。

在地面高程实施的过程中，要对现有的高程、建设情况以及排水设施进行综合研究，分析受涝原因以及规划高程实施的可能性，最终确定相应的对策。

4）建立健全城市竖向规划管理应用平台

规划行政管理部门应尽快将城市竖向规划成果纳入城市规划信息系统平台，为现有城市地形图系统、用地规划信息、道路平理提供必要依据。建议以地理信息系统融合 BIM 技术作为管理平台，实现对城市竖向规划的动态管理。

5）对建设用地竖向控制提出基本要求

建设用地竖向规划以周边路网为基础规划地块控制标高，其主要考虑的因素有：地形地物、用地类型、地下空间、洪水水位和地下水位、排水纵坡、道路纵坡要求等。此外，还要与区域内保留构筑物及周边区域规划道路标高合理衔接，并满足敷设地下管线、构造物和附属设施净空等要求。

6）生活主导类用地充分考虑地下空间

生活主导类用地一般地下空间开发量较大，考虑到平原区地块坡度不宜过大，地下空间富余土方很难就地消化，应统筹考虑片区的整体土方平衡。建议生活主导类用地地块坡度根据片区整体填挖平衡情况以及自身地下空间开发情况采用相应的坡度，宜大则大宜小则小，坡度范围建议为 0.3%～2.5%。

7）产业主导类用地积极减少场地填方

产业主导类用地一般地下空间开发量较少或无地下空间，主要面临缺土问题，因此应积极采取多种措施减少场地填方。鼓励产业主导类用地加强海绵城市建设，有条件时可只对建筑地坪和园内道路进行抬高，园路坡度按平均 0.3%控制，其余用地可用作下沉式绿地（建议下沉式绿地面积不小于地块总面积的 12%），可有效节省土方。无条件进行海绵城市建设时，也可考虑开发地下或半地下建筑，从而减少填方量，降低综合投资。

8）地块层面结合雨水管理的竖向设计

地块内的绿地原则上采用下凹模式，形成类似雨水花园或景观设计中的池塘和湿地洼地，增强蓄水和渗透能力。地块内的地面停车，内部道路和广场区域应使用可渗透铺面。同时，坡向地块内的小型下凹绿地或池塘，使得硬质铺面和屋面径流可以汇入蓄水区域，暂时延迟流量峰值。有条件的地块可以建设地下雨水存储设施，可进一步减少径流。蓄水区域和连通的绿地系统有机地叠加在紧密的城市网格中，创造出富于变化的空间。雨水收集与绿地系统整合，提升城市的视觉和物质环境品质，并应对各季节不同程度的降水量。

3.8.6.4　实践案例：苏相合作区竖向专项规划

1. 项目概况

苏相合作区位于苏州市区北部、相城区西北翼，北至冶长泾-广济北路-凤北公路，南至太东路-绕城高速-西塘河路，东至御窑路，西至相城区界，苏相合作区管辖面积50.58km²。苏相合作区将被打造成为跨区合作新样板、创新发展新引擎、城市建设新地标、生态提升新典范、社会治理新标杆，成为苏州工业园区全面建成世界一流高科技园区的有机组成部分，为苏州全域合作、协同发展勇探新路树立典范。

2. 与其他专项规划的协同

1）竖向与道路交通协同

（1）道路基本坡度要求

道路（特别是下设雨水干管时）在其划定的排水分区内，总的坡向应朝向该区域雨水的出口方向。

（2）道路最低标高控制

沿河道路最低设计标高为：设计洪水位＋安全高度。

应保证地块最远点的标高高于该汇水区排水点河道水位标高与雨水管道的总水力坡降之和。

按该河段规划水位，增加安全超高值（大于0.5m）后，作为梁底标高，再预留结构高度，推算桥面标高。

（3）道路坡度控制

道路纵坡满足路面交通、排水、排涝要求。针对本地区平原特点，道路最小纵坡一般大于0.3%，困难地区大于0.2%。

（4）道路的净空要求

道路的最小净空原则上不小于5m，上跨道路高程控制应考虑到桥梁结构厚度等因素。对于改建较为困难的现状立交，可适当降低要求，有大型车通行要求的可降至净空高度不小于4m，仅有小型机动车或非机动车通行要求的，净空高度不小于3.5m。

铁路的通行净空要考虑铁路电气化等要求，建议一般不低于8m。此外，要考虑铁路桥梁结构等厚度，在竖向总体规划阶段，按照2m进行计算。例如，道路上跨铁路时，道路控制标高应高于铁路轨顶标高10m。

2）竖向与排水专项协同

城市道路是城市排水管道敷设的重要载体，城市道路标高控制系统与城市排水系统（特别是雨水排放系统）具有密切的关系，道路标高控制要充分考虑排水组织的需要，排水系统组织应符合道路标高控制系统的整体要求。

雨水管道规划对竖向设计的基本要求：

（1）各个地块的雨水要顺利的排除，汇水面积的划分至关重要，汇水面积的划分受地形地势、现状雨水管渠建设的制约，因地制宜，因此要根据具体情况合理的、正确的划分汇水面积。

（2）道路在其划定的汇水范围内总的坡向应朝向该区域雨水的出口方向，尽可能使管道埋深顺坡而行，降低管道埋深，减少造价。

（3）道路的设计标高原则上应低于其划定的汇水面范围内街坊、场地的标高，以利于这些地块的雨水能及时地汇入道路下的雨水管道中，尤其是当街坊内的雨水管道堵塞，排水受阻时，雨水可通过地面径流直接排至道路及其雨水管中，而不引起内涝。

（4）城市道路路面的设计标高应高于内河相应设计涝水位，以避免在设计重现期内河水倒灌入雨水管道，而漫溢出地面，造成道路积水。

（5）汇水区域中应保证地块最远点的标高高于该汇水区排水点内河涝水位标高与排水管道的水力坡降之和。

3）竖向与防洪排涝协同

竖向规划与防洪排涝有着非常密切的关系，二者应互为反馈，相互协调。城市竖向与防洪排涝协调研究应遵循人与自然和谐共生的规划理念，防洪、生态与城市建设相结合，加强防洪安全，降低开发影响。竖向与防洪排涝协调的内容包括：衔接和完善防洪排涝思想，落实防洪排涝水系和标准，优化和整合河网体系，结合地形、地质、水文条件及年均降雨量等因素合理选择地面排水方式。

高地高程控制在 100 年一遇外河水位以上 50cm，且不低于现状地形标高，对于圩区用地标高规划地坪高程按不低于现状地面高程控制，且高于最高控制水位以上 50cm。

3. 规划内容

1）竖向规划基本原则

（1）在总体规划指导下，与各相关规划充分衔接，符合国家、省、市有关设计规范和技术规定。

（2）尊重现有的地形、地貌和生态、水系环境，以蓝绿结构网络为引导，因地制宜，随坡就势，结合其内在的要求和各自的特点，使城市各项建设用地高程在平面与空间上合理布局。

（3）积极贯彻以人为本、与自然环境和谐共处以及可持续发展的要求，充分注重生态环境保护，注意城市地形地貌、建筑物高度和城市大空间的风貌景观要求。

（4）发挥规划统筹协调作用，节约用地，保护耕地，合理利用土地资源，促进紧凑型生态化城市建设。

（5）对城市用地的控制高程进行综合考虑、统筹安排，使城市各项建设用地高程在平面与空间上合理布局。协调建筑、道路交通、地面排水、工程管线敷设以及建设的近期与远期、局部与整体的关系，以达到城市建设工程合理、造价经济、空间丰富、景观优美的效果。

（6）遵循安全、实用、经济、美观的方针，注重综合协调；从实际出发，因地制宜，充分利用地形地质条件，合理改造地形，满足各项建设用地的使用要求；尽可能减少城市建设土（石）及防护工程量；重视保护城市生态环境，增强城市景观效果。

（7）充分发挥土地潜力，节约用地，保护耕地。

2）竖向规划的指导思想

竖向规划的工作思路是：在现状调研的基础上，综合认识城市地理特征和发展要求；坚持"流与形"的有机统一，基于生态城市的三维统筹，通过前期综合研究、竖向总体规划和重点地区竖向控规三个工作步骤，满足复杂的多专业和多目标协同，促进空间规划的三维化和精细化。

（1）支撑和落实

分析城市现状特征，以自然地形的合理利用和城市建设的综合协调为研究对象，将竖向研究适当前置，支撑和延续城市总体规划意图、目标和具体发展措施；开展地理环境、竖向模型、协调规划等研究，深化和落实相关规划要求；结合城市发展需求和用地条件，对规划范围内的河道系统、道路系统等进行梳理和完善，通过竖向网络规划，明确防洪排涝水位和竖向控制要求。

（2）整合和协调

发挥综合协调作用，统筹土地利用、道路交通、防洪排涝、风貌保护等规划要求，处理好近期与远期、局部和整体、平面与空间等方面的协调关系。结合城市山水特色、历史和自然景观等城市特征确定重要生态景观竖向控制原则。通过全过程竖向协同，指导城市经济、合理地开发建设。

（3）控制和引导

发挥刚性控制和弹性引导作用，与规划管理需求紧密结合，对城市中心城区的用地进行竖向分类控制，提出竖向控制要求和措施。以防洪安全为前提，与城市设计或控制性规划紧密衔接，在节约用地、集约建设、优化环境的方针指导下，通过地形合理利用和综合治理等方法，引导两侧用地开发高程控制。

3）技术路线

规划编制的技术路线可以概括为"三个统筹、两个层次、一套系统"。

"三个统筹"是指：统筹协调农业、生态、城镇三类空间及其在土地利用、防洪排水、道路交通、地下空间、生态景观、雨水蓄渗等方面的发展特征和竖向规划要求；统筹兼顾蓝（水系）、绿（绿地）、红（路网）三大网络在竖向规划协同方面的刚性控制和弹性引导要求；统筹处理好近期与远期、局部与整体、平面与空间等方面的协调关系。

"两个层次"是指：竖向总体规划、重点地区竖向控制规划两个规划层次。

"一套系统"是指：在前期研究和各层次规划成果的基础上，按照"分区排水、分类施策、分级管控"的策略，形成一套苏相合作区竖向规划控制成果。

4）竖向规划的主要内容

在现状调查的基础上，对用地自然水文条件、土地利用情况等进行综合分析，明确制约因素、面临问题、竖向要求和综合治理措施。结合本地自然、人文条件和发展前景，配合城市用地选择与用地布局方案，做好用地地形、地貌等分析；划分竖向分区，明确竖向控制要素、竖向排水模式。

确定竖向规划原则和防洪排水标准，结合水利模型研究和模拟，确定主要河道沿线水位控制。平面优化与竖向控制相结合，提出竖向总体规划控制要求。确定城市快速路、主干路与高速公路、铁路主干线交叉点的控制标高，通过方案优化，促进先行区科学、经济、合理的开发建设（图3-101）。

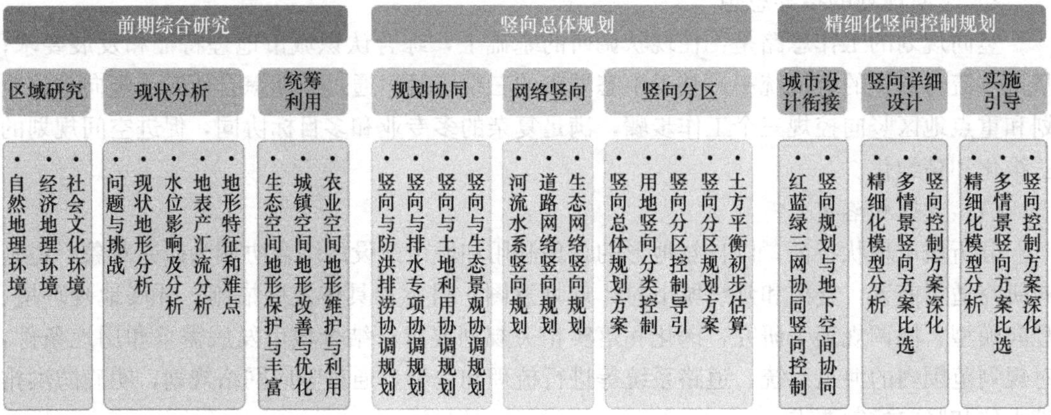

前期综合研究			竖向总体规划			精细化竖向控制规划		
区域研究	现状分析	统筹利用	规划协同	网络竖向	竖向分区	城市设计衔接	竖向详细设计	实施引导
• 自然地理环境 • 社会文化环境 • 经济地理环境	• 问题与挑战 • 现状地形分析 • 水位影响及分析 • 地表产汇流分析 • 地形特征和难点	• 农业空间地形维护与利用 • 城镇空间地形改善与优化 • 生态空间地形保护与丰富	• 竖向与防洪协调规划 • 竖向与排水专项协调规划 • 竖向与土地利用协调规划 • 竖向与生态景观协调规划 • 河流水系协调规划	• 生态网络竖向规划 • 道路网络竖向规划 • 竖向总体规划方案	• 竖向分区控制 • 用地竖向分类控制 • 竖向分区规划导引 • 竖向分区规划方案 • 土方平衡初步估算	• 红蓝绿三网协同竖向控制 • 竖向规划与地下空间协同竖向控制	• 精细化模型分析 • 竖向控制方案深化 • 多情景竖向方案比选 • 精细化模型方案比选	• 精细化模型分析 • 竖向控制方案深化 • 多情景竖向方案比选

图3-101 竖向规划主要内容

4. 特色创新——一体化、模型化竖向规划模型

采用模型支撑下的一体化规划方法，形成一套竖向规划成果系统。以低影响开发模拟系统系列软件模型为核心，完整模拟城市雨水循环系统，实现了城市竖向、排水管网系统模型、河道模型的耦合，更为真实地模拟地表竖向、地下排水管网系统与地表受纳水体之间的相互作用。以防洪排涝规划以及竖向规划初步方案为基础，对道路、地块、管网、主干河道等建立模型，并通过与竖向、防洪、排水除涝等相关规划动态衔接，反复优化，最终确定安全可靠、经济合理的规划标高。竖向规划以最终确定的模型为依据，进行相关竖向标高控制。

3.8.7 街道空间一体化设计

3.8.7.1 街道空间一体化设计背景

近十几年来，我国机动车交通爆发式增长，但多数城市街道的设计更多关注机动车交通，出现了慢行出行不便、生态环境不佳、风貌特色不明显等突出问题。转型时期的城市建设从增量开发转向存量更新，街道成为城市更新的重要对象之一。

街道不仅是车辆通行的空间，更是居民关系最为密切的公共活动场所，也是展示城市形象和传承城市文化的重要空间载体。街道作为城市功能空间的组成部分，承载着市民户外活动、休憩、交往等多元诉求和对生活的美好向往。提升街道出行和活动体验，营造有温度、有记忆的品质空间氛围，是提升城市魅力的重要手段，从某种程度上决定着城市的竞争力。

3.8.7.2 实践案例：相城区元和科技园道路交通一体化规划设计

1. 背景及问题

1）区位范围

项目位于相城区元和科技园片区，北邻太阳路，西接相城大道，南至富元路，东至泰元商业街，面积约1km²。元和科技园位于苏州市相城高新区北部，北侧毗邻高铁新城，未来需承担起相城高新区与高铁新城功能和产业上的对接及联动发展作用。

2）项目背景

苏州市是住房和城乡建设部批准的全国城市设计及城市更新试点城市之一，街道设计是城市设计及城市更新的重要管控对象。存量发展时代，苏州加快推进城市有机更新，推进工业用地提质增效，促进产业破题转型。2021 年 12 月，苏州市政府办公室印发《关于进一步推进工业用地提质增效的实施意见》，强调规范新型产业用地的管理、鼓励配套服务设施共建共享、进一步提高新上工业用地准入要求等一系列措施。同时，苏州全面部署推进产业用地更新"双百"行动。

相城区积极建设"一区十业百园千企"，2021 年元和科技园上榜最强经济贡献榜单，2022 年百园继续榜上有名。元和科技园是相城高新区近期产业转型发展重点打造项目，作为街道产业高标准高质量发展示范点。

3）现状问题

道路系统方面，主体骨架基本形成，对外交通便捷，但内部路网有待完善。路网结构上已形成快速路-主干路-次干路-支路路网体系；外部通道主要由相城大道、富元路、太阳路构成；内部路网未完全建成，路网密度较低，仅 3.64km/km²，且存在断头路情况。

公共交通方面，服务能力有待提升，需加强轨道、公交衔接，提升便利性。现状轨道站点距离园区较远，缺少公交接驳，且公交基础设施薄弱，无法支撑产业园高质量发展的需要。内部线网密度 1.16km/km²，远低于规范标准（中心区 3～4km/km²，边缘地区 2～2.5km/km²）；公交站点 300m 覆盖率 69.9%，远低于 90% 的公交优先示范城市发展目标。

慢行系统方面，主要表现为：①人行道、非机动车道缺失，居民步行出行不友好，存在安全隐患；②机非混行，人非混行，非机动车无序停放；③公共自行车点位覆盖率低，200m 覆盖范围内仅 28.2%。

2. 目标及理念

1）目标定位

片区要实现从传统工业片区到"相城高新区科技园片区综合更新规划及城市设计"所制定的"立体公园、智慧云台、科技门户"定位，对于道路规划设计，确定了三个目标：①匹配城市更新的发展定位；②彰显未来园区的形象特色；③提升街道空间的使用体验。基于此规划目标，项目道路规划设计提出"无界园区"的定位，充分秉承绿色、友好、开放、共享的原则。

2）策略理念

规划结合道路、景观、市政设施三大系统，提出整体控制和引导并形成六大设计构成要素，从而落实到道路空间范畴，依次实现道路设计的四个转变。

转变一：从以车优先转向以人为本。城市交通的根本目的是实现人和物的积极、顺畅流动。"以人为本"强调需求优先，系统规划道路结构，合理组织交通出行。转变二：从单一道路工程设计转向强化景观品质的塑造。共享共建街道景观和地块景观，提升公共空间品质和使用体验。转变三：从原先只重视地上空间转向地上地下并重。协调统筹街道立体空间集约利用，处理各类市政管线关系，整体达到"箱隐、管通、盖美"的更新目标。转变四：从原先只关注道路红线内转向全空间一体化设计。开放沿街建筑退距空间，打开绿化带，强化街道两侧交流。

3. 规划内容

1）道路系统规划

坚持以人为本的价值追求，切实转变车行主导的交通模式，全面统筹交通与用地的和谐发展。强调需求优先，通过系统规划道路结构，合理布局公共设施等措施，打造智慧交通模式。

街道应是包容的公共空间，在街道设计中要充分考虑非机动和步行通行及沿街活动的需求，明确非机动和步行通行的优先地位，基于人的视角和步行视觉进行街道的精细化设计。

（1）控规路网评价

根据相似产业园经验，结合元和科技园更新定位，预测高峰小时人流吸发量，控规路网能够满足 25% 私家车出行比例需求，无法满足 40% 私家车出行比例需求。因此科技园片区需持续推进绿色交通建设，提高绿色出行比例，降低私家车出行，将私家车出行比例降至 30%。

在 30% 私家车出行比例下，控规路网北侧片区仍存在拥堵情况，东西向缺少横向疏散通道，交通压力主要集中在中创路上。因此规划建议增加横向疏散通道，提高支路网密度，缓解中创路交通压力。

（2）路网结构

规划保持快速路-主干路-次干路-支路路网格局，形成"三横三纵"的道路路网体系，规划道路总里程为 8.66km，路网密度为 8.66km/km²，路网密度较高；优化后支路网密度为 3.1km/km²，满足规范要求（图 3-102）。

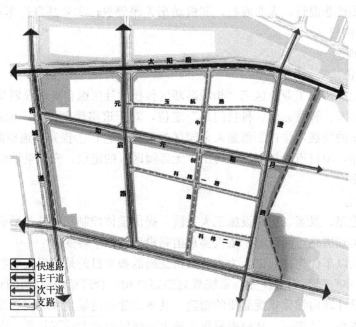

图 3-102　道路路网体系

（3）道路断面

贯彻完整街道理念，根据街道的功能分类，深化街道空间断面设计，优先保障步行和自行车通行空间，充分体现慢行优先、以人为本。

策略一：结合滨水廊道，构建舒适宜人的慢行通道

澄月路为滨水景观道路，控规要求澄月路红线为 20m，人非共板宽度仅 2.5m，通行空间不足，规划将道路红线由 20m 拓宽至 25m，扩大慢行通行空间，保障人非通行安全。

策略二：融合园区门户，打造特色鲜明的形象大道

元启路北段为未来北侧进入园区的门户型道路，控规要求的双四车道无法与门户性道路相匹配，且路段较短，整体线形变化频繁，因此，规划将该道路线形拉直，红线由42.8m 拓宽至 49.8m，双四车道调整为双六车道。

策略三：拓宽慢行通道，形成慢行友好的通行空间

控规要求中元启路南段机非共板，步行道宽度较窄，规划结合景观设计拓宽道路红线，设置机非绿化带，拓宽步行空间。

（4）交叉口规划

结合交通需求，对交叉口进行精细化设计，按照全要素的设计理念，确定交叉口的形式、渠化，从注重车行安全向注重人行安全转变（图 3-103）。

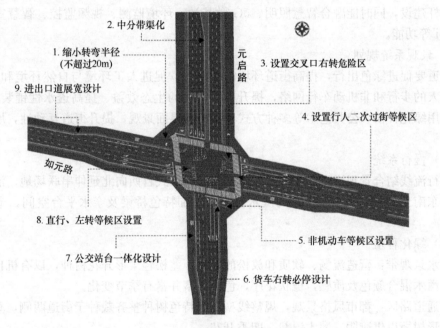

图 3-103　道路交叉口设计示意

科技园共规划有 20 个交叉口，均为平面交叉口。其中十字交叉口 9 个，T 形口 11 个，精细化交叉口设计有利于提升集散效率，保障行人安全。

（5）交通组织

构建安全有序，客货分离，以人为本的交通组织。

客运交通组织：客运车辆主要通过太阳路、相城大道、富元路驶入园区内部道路。外部组织：太阳路-澄月路、太阳路-中创路交叉口设置右进右出。其余交叉口均为全转向信号灯控制，保障通行安全。内部组织：元启路-玉航路由于与上下游交叉口较近，设置右进右出，减少对主线干扰。其余交叉口均为全转向信号灯控制，保障内部通行安全。

货运交通组织：规范货运车辆流线，避免货运车辆高峰出行，降低货车对园区日常通

勤车辆影响，保障交通安全。货运流线：经太阳路-元启路、太阳路-中创路进出园区，与太阳路货运通道衔接。货运时间：10：00—14：00、20：00—次日 6：00。

（6）公共交通

加强轨道＋公交两网融合，通过定制公交、网约公交、无人公交等特色公交协同发展，提升公共交通便利性。提高轨道与公交系统的衔接，加密公交站点（覆盖率 100％）、增加接驳班次、缩短候车时间（高峰不超过 5min）。

（7）智慧交通

对接相城智慧管理平台，对现有智能设备提档升级。增设智能联网信号机，加密道路监控、电子警察，完善流量检测设备，提高科技园交通资源配置效率，实现园区交通精细化治理、交通资源精准调控。

强调以人为本，设置慢行友好，保障慢行安全。通过在路口或路段设置行人过街提示装置、智能行人跟随系统、请求式行人过街系统，保障慢行过街安全。

多杆合一、一杆多用。将传统照明、通信、交通、公安、交警等多部门常用传统杆件进行合杆建设，同时能融合智慧照明、5G 微基站、环境监测、视频监控、智慧宣传、无线 WiFi 等功能。

2）景观系统规划

街道要促进绿色出行，提高街道环境的生态性，促进人工环境与自然环境和谐共存。营造宜人的步行和非机动车行网络，提升街道绿化的生态效益、提高透水性铺装的比例。鼓励采用绿化种植、公共艺术等多种方式丰富街道界面景观，提升街道互动性，展现街道特色。

（1）慢行系统

慢行流线结合景观增设慢步道，以流动曲线的形式自西向北延伸串联场地，沿滨水步道连接东南角公园。沿水域设计的滨水步道，增加特色桥梁及亲水平台空间，丰富游览体验。

（2）绿化种植

滨水景观带：营造流畅、软质和放松的氛围，蓬松轻柔形开花树种，以有机自然形式种植，灌木混合颜色及质感，穗状花序，色彩丰富并富有季节变化。

普通道路区：都市风格景观，规整线型搭配特色树种整齐栽种于街道两侧，垂直树干对比伞形树冠以供遮阴，灌木混栽，四季开花。

公园区域：通过多样化纹理与芳香植物的搭配展现五感体验，蓬松轻柔的形式以提供树荫，灌木以灌木丛、装饰性草地混合香花植物种植，以白色和紫色为主调多彩搭配。

（3）场地铺装

铺装主要以沥青路铺设主干道，非机动车道以彩色沥青铺设，健身跑道及运动场地采用蓝色水性 EAU 材质，色彩的运用带给整体场地活力感和标识性。沿滨水环线，以木平台材质为主，人行道及街边游园空间以仿石砖铺设。

（4）夜景照明

主干道以路灯设置，局部游园空间结合城市灯具，彰显趣味性的同时有利于打造城市整体形象，公园空间以景观灯具照明为主，草坪灯为辅。同时结合互动秀、广场照明灯光秀、旱喷水景等打造夜间景观。

（5）城市家具

景观座凳主要布置于景观慢行道两侧，为行人漫步休息提供场地空间，同时设置自行车停放点位。游园空间、滨水空间设置景观廊架，兼具艺术性和实用性。科技主题公园场地设置了特色构筑及特色小品雕塑，提高空间趣味性及入口标志性。

3）市政规划

根据街道功能类型及活动需求，合理布局市政环境设施，协调布局地上、地下设施，明确设施配置位置、形式、风格等，保证街道风貌的统一性和美观性。鼓励通过共同沟合并兼容管线设施空间，节约地下空间，为架空线入地、市政箱体入地提供空间条件，充分释放街道地面公共空间。

（1）地上设施

① 箱柜集并

箱柜集并宜避开路口 20m 以上，间距不宜小于 500m，宜以道路、城市的河流、主要街道以及其他妨碍线路穿行的大型障碍为界。选址位置优先级：室内＞入地＞街头公共绿地＞道路公共空间＞人行道路侧＞机非隔离带；箱柜应优先设计室内和入地式并加载WIFI 等服务设施；新设箱柜集中的位置与原箱体之间距离宜控制在 300m 以内，或整合范围控制在两个主要路口之间；针对不同类型道路，各类型箱体可采用的集并方式不同，充分发挥箱柜集并的综合效益。

鼓励对基地空间内的各类通信、交通、市政箱体进行梳理和有序整合。根据箱体类型、实施环境等具体情况，箱柜集并可分为多箱集中和多箱归并两种形式。

② 设施美化

市政箱体采用彩绘、格栅、绿植的方法，结合周边环境，融合历史、人文、文明礼仪等元素，对现有箱体进行不同主题的美化。室外落地式弱电箱体宜设置于行道树设施带、景观绿化带内；大型配电、变电箱体宜结合景观绿化带或建筑前区设置，且宜采用绿化遮挡或美化等措施。市政箱体不得设置于街道转角处，避免影响行车视距、干扰行人过街。

③ 检查井盖

宜布置在绿化设施带内，并用绿植进行遮挡或与绿地颜色保持一致；车行道上的井盖应与交通标线相协调，布置在车辆轮迹范围之外，有效减少车辆行驶碾压井盖；商业街道、景观休闲街道宜结合场地环境进行艺术设计，美化井盖。

（2）地下管线

地下管线空间设计遵循"一张总图统领"的指导思想，结合控制性详细规划和地区开发编制的管线综合规划，与各专业管线规划相协调，统筹考虑城市近期开发和城市远景发展的需要。

地下管线设计前期可利用模型对管线迁移进行多方案施工模拟，通过分析确定最佳施工方案。设计阶段提前发现管线与构筑物基础、管线与管线的碰撞，避免这些问题带来的损失。设计中将管网模型及河道模型与暴雨模型进行耦合，校核管道负荷，避免城市内涝的产生。

（3）海绵设施

新建、改扩建的行道树设施带、景观绿化带等应落实海绵城市设计要求，推广采用生态树池、下凹式绿地、植草沟、雨水花园等绿色雨水基础设施，促进雨水资源的收集利用和生态环境保护。

依据不同地区道路条件，利用绿色技术构建海绵街道。鼓励口袋公园内采用嵌草砖、鹅卵石、碎石渗透铺装。人行空间应最大限度地使用透水铺装。车行道在有条件的情况下宜使用透水路面，但应满足路面路基强度和稳定性等要求。

4）街道空间设计

街道现有的规划设计和相关规范标准主要针对道路红线内的断面、市政与景观要素提出要求，缺乏对两侧建筑界面及建筑前空间的整体考虑。应对道路红线内外空间、地上地下空间进行一体化管控，对道路交通、公共活动空间、绿化景观和市政设施等功能进行统筹考虑和安排。开放沿街建筑退距空间，取消商业街道中央绿化带，强化街道两侧交流。

规划提出一体化的街道空间设计理念，结合道路、景观、市政三大系统的规划控制，提炼街道空间六大设计要素：道路交通、活动空间、植物种植、城市家具、市政设施、标识系统，确定每条道路功能定位，并将设计要素融入街道空间设计之中。

如元启路为连接北部高铁新城的主要交通干道，结合周边用地功能，规划定位为集散性综合服务类道路。针对该类型街道空间的设计，需充分满足人的公共活动需求，将机动车通行空间与人行道、非机动车道进行适度分离，鼓励结合沿街大型商业设施营造公共空间节点。道路交通要素上，创造安全和特色的步行环境，机动车道重点提升道路利用效率，同时设置公交专用道，利用道路标识强调公交路权。活动空间要素上，综合考虑街道类型、沿街功能业态及街道的人行活动需求等因素，合理确定人行道宽度，设计上应优先保证人行道的宽度，考虑借用建筑退线空间通行。市政设施要素上，循环过滤雨水用于景观和灌溉，人行区域推行透水铺装，合理布局市政箱体，美化井盖。植物种植要素上，引入色叶、开花、落叶树种，丰富植被搭配，在道路区域增加种植，选用高环境价值植物品种。城市家具要素上，合理确定座椅、标识标牌、垃圾箱等街道家具数量、样式和位置，形成一条连续、平直的设施带，依据街道性质确定灯具风格，家具运用统一材质及设计词汇，设置分类垃圾箱、长椅、自动饮水器、公厕等。标识系统要素上，通过标识标牌向行人传达清晰的街道信息和易读的空间使用指引，通常设置在街道设施带，应注意标识标牌的设置应尽量简洁、集约，避免妨碍行人通行；同时，设置路名牌、指示牌、交通标识牌、交通信号灯杆、旅游标识等，统一方向与品牌（图3-104～图3-107）。

图3-104　元启路一体化设计示意

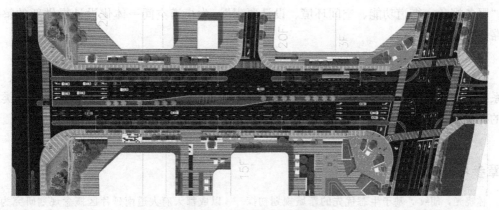

图 3-105　元启路道路平面图

图 3-106　元启路标准段断面图

图 3-107　元启路与如元路交叉口设计效果图

4. 特色创新

1）规划思维创新

规划秉承以人为本的价值追求，做到"三个融合、四个协同、四个转变"，融合"道路红线、景观绿线、建筑退线"，协同"车行空间、慢行空间、设施空间、景观空间"，转变"服务视角、街道功能、空间环境、设计要素",为街道空间一体化设计提供新的解决思路和方法。

2）设计理念创新

精细化设计道路的全域要素,包括道路的平纵横、交叉口、交通组织、公交系统、慢行系统、市政设施、景观绿化、夜景照明、场地铺装、城市家具等各个方面,实现各类设施的有机统一,相互协作。

本章参考文献

[1] 林晓光,胡纹.基于生态优先的新城规划初探——以成都天府大道南延片区概念规划研究为例[J].重庆建筑,2007(1):21-24.

[2] 姚兢,郭霞.东京新城规划建设对上海的启示[J].国际城市规划,2007,22(6):102-107.

[3] 武敏,彭小雷,叶成康,等.国家治理视角下我国新城新区发展历程研究[J].城市规划学刊,2020(6):57-64.

[4] 张仕云.新型产业园区策划与规划一体化实践——以招商局·芯云谷信息技术服务产业园开发策划及概念规划为例[J].中外建筑,2020(8):109-112.

[5] 彭曼丽,钟樱支.我国国土空间规划的历史回顾及未来展望[J].经济研究导刊,2022(23):1-3.

[6] 李东和,刘甦,孔亚暐.城市产业园建设存在的问题与对策研究[J].山东建筑大学学报,2018,33(1):65-70.

[7] 吴扬,王振波,徐建刚.我国产业规划的研究进展与展望[J].现代城市研究,2008,23(1):6-13.

[8] 付正义.重庆大都市区产业一体化发展研究[D].重庆:西南大学,2016.

[9] 张燕华,胡梦媛."无废城市"建设能力评价与路径优化——基于武汉固体废物治理的 PEST-SWOT-AHP 分析[J].特区经济,2022(9):69-73.

[10] 黄黎晨,曹乔松.碳中和目标下交通领域绿色发展对策分析[J].城市交通,2021,19(5):36-42.

[11] 于杰.关于可持续发展战略下城市绿色交通规划的思考[J].中外建筑,2019(5):161-162.

[12] 崔晓天.复合型城市空间与交通一体化规划设计[J].交通与运输,2019,32(S1):16-19.

[13] 王涛,曹国华,王树盛.新城建中现代绿色交通建设举措建议[C]//中国城市规划学会城市交通规划学术委员会.绿色·智慧·融合——2021/2022 年中国城市交通规划年会论文集.北京:中国建筑工业出版社,2022:335-349.

[14] 温丽雅,张丽娟,金思甜,等.我国交通运输业绿色低碳发展对策[J].交通节能与环保,2022,18(1):1-4+8.

[15] 陈柳钦.城市色彩及其规划设计[J].青岛科技大学学报(社会科学版),2011,27(3):7-12.

[16] 袁磊.基于操作层面的城市色彩规划与管理探索——以桂林为例[J].中国名城,2019(12):18-30.

[17] 王树声,茅程晨.基于可操作性的城市色彩规划编制方法研究——以济宁市城市色彩专项规划为例[C]中国城市规划学会、东莞市人民政府.持续发展 理性规划——2017 中国城市规划年会论文集.北京:中国建筑工业出版社,2017:1484-1496.

[18] 陈波,石磊,邓文靖.工业园区绿色低碳发展国际经验及其对中国的启示[J].中国环境管理.2021,13(6):40-49.

[19] 卢瑞轩.新发展阶段工业园区"双碳"目标实现路径分析[J].产业创新研究,2021(20):12-14.

第 4 章
思 考 与 探 索

4.1 践行生态文明建设

20 世纪 90 年代后,随着可持续发展的理念在世界范围内的广泛传播,它已成为中国城乡规划工作的一项重要原则,可以说,城乡规划是最早实施可持续发展思想的领域之一。可持续化也是一体化规划设计的理念之一,贯穿于一体化规划设计之中。

在如今城市化加速的过程中,出现了资源短缺、环境恶化、生态退化等一系列问题,国家对于生态保护的重视程度逐渐提高,"生态文明"这一理念在党的十七大第一次被提出,十八大把生态文明纳入"五位一体"总体布局之中,十九大进一步提出建设生态文明是中华民族永续发展的千年大计。

生态文明建设绝不仅是对自然生态的保护,它还包含了许多层面,比如发展理念、制度架构、社会形态和社会发展时期等,党的十八大报告强调"把生态文明建设放在突出地位,融入经济建设、政治建设、文化建设、社会建设各方面和全过程",因此,生态文明建设不仅要将其自身的生态建设、环境保护、资源节约等工作做好,更重要的是将生态文明建设置于突出地位,融入经济建设、政治建设、文化建设、社会建设的各领域和全过程,这就表明生态文明建设既与经济建设、政治建设、文化建设、社会建设相并列构成五大建设,也要将生态文明理念、观点、方法融入经济建设、政治建设、文化建设、社会建设中。

规划工作本身就与生态文明建设密不可分,它不仅是一个空间规划的过程,更是一个社会环境改善及资源高效利用的过程。在规划体系建设中,保证生态文明建设工作的实施,是其中一个关键环节,从多个角度对生态空间进行研究,通过研究结果来制定相关规划,从而能对规划工作质量有所提升。

一体化规划设计将规划体系缝合、系统缝合、政策缝合,这些"缝合"工作也更有利于生态文明建设融入其中。通过规划体系缝合,让生态文明建设落实到概念规划和产业规划、法定规划、城市设计等体系中去,例如在"中新昆承湖园区概念规划与城市设计"中提出的"生态为核,打造 EOD 模式导向的公园城市"、在"赤峰高新区技术产业开发区产业发展规划"中"生态优先,绿色发展"的策略。通过系统缝合,使得生态文明在城市功能系统、交通系统、生态系统、公共服务系统、智慧城市系统、综合能源系统等各系统中得以体现,例如"苏州市绿色出行示范区建设发展路径研究项目"中"苏式交通、绿色出行、品质服务"的理念、"姑苏区城市公共空间整治规划及分类管控体系研究项目"中研究理念从"提供生活服务的配套设施"向"构建生态文明的重要载体"的转变。通过政策缝合,将生态文明相关政策更好地贯穿于整个规划过程中,从蓝图到实施全局把控,切实响应生态文明建设战略。

在未来，一体化规划设计更应该重点关注以下方面：

第一，树立生态文明价值观，引导规划设计。规划中的各种安排与组织都是建立在对未来发展的选择与决策基础上的，而规划内容又涉及多目标和生态系统的各个方面，因此规划过程中的关键点就是对各类规划内容的安排和组织进行选择和决策。在明确的生态文明价值观念的基础上，制定相关的标准，并运用相关的标准来统一各种要素、各种使用方式、各相关学科的知识。

第二，建立基于生态效应的一体化规划设计评价方法。对国土空间各类要素及其保护、开发、利用、修复、治理的组织安排，需要根据其可能产生的生态效应进行评价，并在评价结果的基础上才能做出正确的选择和决策，这是实践生态文明价值观的重要途径，也是取得各类共识的基础所在[1]。对生态效果进行评估，并不只是要分析各项活动给生态环境带来的影响，还要考虑到每一种活动以及它们所产生的结果与它们的相互联系。所以，就必须要在各种构成因素间的相互关系，以及它们的性质和空间发展规律的基础上，对它们进行全面的评估。

第三，人与自然是生命共同体，在自然要素中，山水林田湖草是生命共同体。要将生态文明的思想贯彻到对各种存在因素的相互联系和性质的理解上，要对它们的相互作用机制、过程和结果进行深入的了解，只有了解了它们的相互作用机制、过程和结果，才能对各种因素的应用和将来的安排进行更好地引导，提高保护、开发、利用、修复和治理的行为安排的科学性。

4.2 实现集群式创新

在科技集成化、复杂化、不确定性等特征不断增强的背景下，创新方式正由传统的垂直创新逐渐向集群式创新转变，由依赖于单一企业的内部研发转变为充分发挥区域创新资源的优势，实现产学研用科学的分工合作。集群式创新是指在某一地理区域内，以产业集群为基础并结合规章制度安排而组成的创新，通过正式和非正式的方式，促进技术在集群内部创新、储存、转移和应用的现象[2]。

集群式创新，就是依托所在地的区域优势，通过资源的聚集，形成了包括供应商、竞争者、大学、研究机构、投资者以及政府部门的区域创新网络。同时又结合了"互联网＋"以及大数据云计算技术，通过集群与集群之间的互动，打破地理界线，在更大范围内推动创新资源和信息共享，在更广范围内形成产业链、创新链。创新链上各方通过资源共享、正式的合同关系或非正式的信息交流，彼此之间结成长期、稳定、互惠互利的关系，最终形成相互依赖、共同发展的"集群的集群"式创新网络[3]。

一体化规划设计本身就是一种集群式创新，是一种多系统、多领域、多专业的集群，以规划专业为引领，融汇城乡规划建设工作所涉及的横纵向各专项工作思考，利用多专业融合的集群优势，将规划设计工作转变为一种深度参与和科学适用到城乡发展全周期的系统性工作。通过这种集群有助于实现交叉创新，对提高规划工作的科学性和合理性大有裨益。

创新驱动作为一体化规划设计的理念之一，规划设计相关实践受其影响在创新方面有所延伸，通过整合专业链，形成集群式创新的思维逻辑，为城乡发展提供更科学合理的判断。一方面是产业集群，形成创新集群，例如在"太湖科学城战略规划与概念性城市设计"中提出的以顶级科研院所、产业创新平台、国家级/省级重点实验室、企业为主体构建 7 类创新集群、9 类科创服务平台的科学创新体系；在"吉林抚松经济开发区产业发展规划"中提出松抚一体化发展——产业链群，全域共享，以核心产业的集群式发展为契机，构建全产业链合作体系。另一方面是强化产业创新驱动，积极响应创新驱动发展战略，例如在"赤峰高新区技术产业开发区产业发展规划"中强调全面实施创新驱动发展战略，切实强化企业创新主体地位，突出抓好高水平创新平台载体建设；在"青海零碳产业园控制性详细规划"中提出培育发展新动能，提高科技创新驱动力，建设知识型、技能型、创新型、生态型产业，推动产业转型升级，实现高质量发展。

一体化规划设计是集群式创新的产物，是在时代和市场的变化中改革创新的结果，在面向未来的发展时，应该关注以下方面：

第一，充分发挥规划专业统筹兼顾作用，更好地在实际项目中做到多专业融合，充分发挥集群效应。在多专业、多领域融合的过程中，往往会遇到一些问题，例如怎么进行融合，结果如何统筹等。在一体化规划设计的工作中，自然是规划专业起着统筹兼顾的作用，但这也必然要求规划从业人员自身能力的提升，需要对其他专业、其他领域的知识有更多的了解与掌握，在多专业融合的过程中，充分与其他专业团队沟通，促进思维的碰撞，并将多专业融合的结果呈现在规划成果之中，真正发挥多专业的集群效应，切实做到一体化规划设计。

第二，积极响应国家战略，因地制宜提出区域创新策略。国家层面提出创新驱动发展战略，一体化规划设计在积极响应对接国家战略的同时，要根据规划区域自身的特点、本地的资源禀赋，引导创新资源的有序聚集，逐步形成具有竞争优势的创新集群，进而明确产业定位，实现错位发展，区域特色产业才能得以做大做强。

第三，积极利用互联网发挥集群创新的核心优势。集群创新的核心优势在于其在特定的空间上具有较高的整合性。在集群式创新中，整个集群的创新职能是由产业链环线上的各个企业来完成的，每一个企业都在其自身最有优势的环节进行创新，并经过创新链的整合来完成总体的创新职能。每个创新功能单位之间不是单纯的线性关系，而是一种以网络关系为基础的复杂网络关系，这种关系构成了一条具有网络性、可达性、灵活性等特点的产业集群创新链，有利于集群创新链的网络化组合与动态优化，进而提高了创新集群的总体创新能力 。

一体化规划设计以多专业融合参与的方式，促进思维的碰撞，建构面向未来、引领示范的创新城乡建设工作框架。集群式创新理念将点亮未来的创新之路，在全球范围内推动城乡的科技进步和可持续发展。

4.3　构建理想人居空间

城乡规划是一个复杂而多方面的过程，它的起源、发展和演变伴随不同历史阶段不同的现实问题，而这些问题普遍而无一例外地涉及城乡的人居环境。19 世纪为应对欧洲城市化进程中拥挤、污染、卫生和住房等问题，现代城市规划理论应运而生。以《雅典宪章》确立的理性、效率优先的功能分区原则，经过一个多世纪的发展，欧美城市出现了郊区化、空心化等新问题，随着简·雅各布斯《美国大城市的死与生》振聋发聩式的宣言，标志着城市规划理论的再次转向，回归社区、街道，鼓励混合与多元城市生活的新都市主义复兴。新世纪伊始，气候、能源、安全等问题再次促使城市规划理论迭代更新，随着人工智能、大数据等新技术的普及应用，未来人居环境的塑造也拥有了更多的想象空间与探索可能。

新中国成立70多年来，我国城乡的人居环境发生了翻天覆地的变化。初期的大院模式，形成一个个"单位大院"，是计划经济时代的产物，在物质相对匮乏阶段帮助我国城市度过最早的城市化阶段。改革开放以来，短短40多年，我国城市化水平显著提升，住房市场化加速了这一进程，同时也普遍提高了居民生活水平。"十四五"以来，我国人居环境发展重心从"追求量"向"追求质"的方向转变，关注人民生活的便利性，统筹生态环境、历史遗存、公共交通和基础设施与城市生活空间的结合，同时关注城乡一体化，满足各阶层人民日益增长的精神文化需求。国家相继提出了"开放式街区""十五分钟生活圈"等新概念、新举措，大大促进了人居环境品质的提升。

未来理想人居环境的塑造，是一个不断融合、创新、探索的过程，在这个过程中，需要规划整合多学科、多专业，始终坚持以人为本、坚持生态可持续、注重多元文化的包容和交通、基础设施的统筹，倾听社区居民的声音，鼓励公众参与，提供完善、整体、一以贯之的"陪伴式服务"。

第一，多学科、多专业的整合。人居环境是一个需要不同的人共同努力营造的城乡空间，需要不同领域的专家和利益相关者合作，从经济、社会、文化、交通、景观和基础设施等诸多方面共同探索整体理想人居环境的构建，一体化规划设计应确保在合理与开放的架构下执行整合工作，确保最佳解决方案，从而实现更加宜居、可持续和弹性的人居空间。

第二，以人为本的人性化设计。未来人居环境将更加注重人性化，这需要城乡规划和建设充分考虑居民的需求和利益，建立和完善城乡公共设施和服务设施，如医疗保健、教育、娱乐等，创造舒适、便利、安全、健康的居住环境。无论是15分钟生活圈还是5分钟社区圈，都是我们国家在构建人性化人居环境方面的探索和举措，需要不断地落实与深化。

第三，注重可持续性发展。未来人居环境的发展应该是可持续的，这需要城乡规划和建设考虑生态环境保护和资源利用效率，推广低碳技术和可再生能源等，以实现城市的经济、社会和环境的可持续发展。

第四，文化多样性。未来人居环境将更加强调文化多样性，这需要城乡规划和建设重视城乡文化的传承和创新，充分利用城乡的文化资源和人文环境，打造独特的城乡形象和城乡文化品牌。

第五，混合使用开发。鼓励和促进住宅与产业、商业和娱乐空间的混合使用开发，以创建紧凑的城乡环境，维持职住平衡；鼓励轨道交通与社区混合的TOD开发，结合多模式的公共交通，将社区嵌入完善便捷的公共交通体系，缓解钟摆式交通；塑造社区街道的生活场景，提高居住品质。

第六，社区参与。鼓励社区参与，以便居民能够参与到住宅空间的规划和设计中，从而更好地满足他们的需求和期望。

第七，智慧社区。未来人居环境将更加智能化，这需要城乡规划和建设充分利用新兴科技，提供智慧化城乡服务，如自动驾驶、智能家居、智慧出行等，以提升城乡的生活品质和城乡的管理效率。

总之，未来人居环境的发展趋势将更加注重可持续性、智能化、人性化、文化多样性和创新性，以满足居民的需求和提高城乡的生活品质。

本章参考文献

[1] 孙施文 . 我国城乡规划学科未来发展方向研究[J]. 城市规划，2021，45(2)：23-35.

[2] 全国科学技术名词审定委员会 . 管理科学技术名词[M]. 北京：科学出版社，2016.

[3] 郝政，褚泽泰，Kiho K. 集群式创新对高技术企业研发绩效的影响——基于国家自主创新综合示范区高技术产业面板数据的实证研究[J]. 技术经济与管理研究，2021(10)：43-47.

第 5 章
结 语 与 展 望

跨过"第一个百年",迈向 2035 远景目标。从党的十九届五中全会研究关于制定《中华人民共和国国民经济和社会发展第十四个五年规划和 2035 远景目标》起,就对其进行了清晰的展望和系统化论述,2035 年逐渐成为一个有期待、看得见的时刻,是国家长远计划中的关键节点,它描绘了一个基本实现社会主义现代化的图景,全方面为中国社会指明了发展方向。我国将基本实现社会主义现代化,经济实力、科技实力、综合国力将大幅跃升,经济总量和城乡居民人均收入将迈上新的台阶,关键核心技术实现重大突破,进入创新型国家前列。基本实现新型工业化、信息化、城镇化、农业现代化,建成现代化经济体系。基本实现国家治理体系和治理能力现代化,人民平等参与、平等发展权利得到充分保障,基本建成法治国家、法治政府、法治社会。

自此,2035 年也已成为新一轮国土空间规划的期末年,随着全国各地城市国土空间规划的陆续公示,不难发现,城市定位既有自身特色,基本也汇聚了"科技创新"等关键词,北京、上海、广州、深圳四大一线城市均明确科技创新中心的定位,重庆、成都、杭州、武汉、南京、郑州、哈尔滨、青岛等也提出国家或区域的科学科技中心定位。这也印证了科技创新是基本实现社会主义现代化的客观需求,同时也是第四次工业革命崛起的必然趋势。一体化规划设计是经过十年发展形成的创新结果,也是适应发展需求、市场需求的改革探索。通过横宽纵深的系统整合,坚持一定时期内的规划目标不动摇,强调问题导向、目标导向、结果导向,结合科学的规划手段来服务城乡国土空间规划,对于规划设计本身既是发展,也是自纠。

设想未来的城市一定是开放、共享、绿色、创新、活力的,以人工智能为代表的第四次工业革命也深刻影响了城乡空间。数字科技的加持,使得原来的实体空间与虚拟空间进行融合,逐步淡化了生活、工作、学习和娱乐的边界,创造出了不同以往的崭新场景。融合的场景,也需要融合的专业去服务城乡,一体化规划设计形成的工作群,也是一种面向未来的不断探索。关于未来城乡的畅想,众说纷纭,但只要人们对和平生活的向往,对自然生态的敬畏不曾改变,不管人类文明走多远,终会回归到"生态优先、以人为本"的本质上来。无边界的创新,有边界的可持续,有舍有为,才能营建理想中的城乡空间。

基于上述,一体化规划设计始终坚持技术工作者的本心,为城乡规划建设而服务,目前已经孵化出多种特色工作主张,包括生态中生长的新城、产业精准定制的园区、全过程咨询的村庄、更新社区规划师等。生态中生长的新城:强调生态在未来城乡空间中不可或缺的第一要位,建城乡前先建生态,以一种有机生长的方式建设城乡,融入生态;产业精准定制的园区:在打造园区时,产业链和创新链的构建是关键,链条的完整与融合,标志着产业在园区中的成长性和与外部市场的契合度;全过程咨询的村庄:村庄的建设是最具变化的,通过规划、设计、建造、运营的全过程指导能保证落地性,实现真正意义的乡村振兴；更新社区规划师：具有丰富经验和强责任心的设计师，采用成长陪伴式的驻地服务，更好地贯彻更新愿景和走进公众参与……

全书已近尾声，编撰文末，已是癸卯年花开蝶变之时，看着窗外，思绪飞扬，十年前，会议桌前团队的第一次讨论，飞机上团队的第一次出差，大山里团队的第一次调研历历在目。依稀记得那年编者结合新加坡和苏州工业园区经验提出了"一体化规划设计"概念雏形，经过多年的更迭和丰富，已经形成了团队工作的系统性理论，灵活运用并付诸实践，虽有满足意，终究意难平。"意"在一体化规划设计仍有较大提升空间，它仍然受限于现有的科学技术、能源方式、世界认知等，编者暂且把它当作一种可持续化的规划设计基础，随着发展而进行提升和延伸，通过团队的持续实践和创新，进而进化成一种自适应的理论系统。当然，不管如何发展，只要人类与自然和谐相融的目标不变，终归会回到一体化、可持续化上，一体化代表了创新基础，可持续代表了生存原则，两者既是目标，也是底线。